컴퓨터의 아버지
*배비지

컴퓨터의 아버지
*배비지

브루스 콜리어 · 제임스 맥라클란 지음 ● 이상헌 옮김

바다출판사

배비지는 1791년 12월 26일 런던 남부 지역에서 태어났다. 어렸을 때부터 물건들이 어떻게 작동하는지에 대해 큰 호기심을 보였다. 장난감이 생길 때마다 종종 그 안을 확인하기 위해 뜯어 보곤 했다. 엔필드에 있는 작은 기숙학교를 다니며 수학과 과학에 대해 관심을 갖기 시작했고, 케임브리지 대학교에 가기 전까지 거의 독학으로 수학 실력을 키웠다. 케임브리지 대학교 트리니티 대학에 입학했지만, 뉴턴의 그늘에 가려 새로움을 추구하지 못하는 학교에 실망해 해석학회를 결성한다. 여기서 친구들과 라크루아의 책을 연구하며 미분 계산에 관한 책을 출간하기도 했다.

배비지는 결혼해 런던에 정착했다. 대학 교수직에 연이어 떨어지긴 했지만 대체로 행복했다. 허셜 부자의 후원을 받아 왕립학회에 입회했고, 학회지에 논문을 싣고, 왕립연구소에서 주관하는 연속 강연에 연사로 초대되었다. 친구 허셜과 함께 프랑스를 여행하여 프랑스 과학계가 조직화되어 있는 것에 감탄하여 영국의 보수적인 왕립학회를 개혁하고자 했다. 그래서 천문학회를 조직하여 왕성한 활동을 하던 중 기계식 계산기에 대한 연구에 첫발을 내디뎠다.

3 차분 기관을 발명하다 54

배비지는 덧셈을 자동적으로 계산할 수 있는 기계를 설계하기 시작했다. 바로 차분 기관이었다. 증기 기관에 의해 조종되는 계산기라는 생각에 매우 고무되어 그의 발명품을 차분 기관이라고 불렀던 것이다. 배비지는 과감히 대수식 계산과 같은 작업을 자동으로 할 수 있다고 생각했다. 또한 어떤 수학 함수식, 다시 말해 대수식뿐만 아니라 사인, 탄젠트, 제곱근 등의 수식을 계산하는 기계도 설계할 수 있다고 믿었다. 배비지는 곰곰이 아이디어를 찾다가 기계의 계산을 담당하는 부분의 주요한 원리들을 알아냈다. 그러나 아직 세 자리 이하의 계산은 사람이 하는 것이 더 빨랐으며 최소 네 자리 계산은 되어야 기계와 사람의 계산 속도가 비슷해졌다. 1822년 중반 배비지가 그의 기계를 공식적으로 알렸을 때 도달했던 발전 수준은 바로 이 정도였다.

개혁의 분위기 속에서 74 4

배비지는 라이트와 함께 네덜란드, 벨기에를 거쳐 서독을 지나 뮌헨, 이탈리아를 여행했다. 장인과 과학자들을 방문하고, 수준 높은 유럽 과학을 경험하기 위해서였다. 1828년 런던으로 돌아온 배비지는 왕립학회를 개혁하기 위한 캠페인을 벌이는 한편, 선거 정치에도 참여하는 등 바쁜 일정을 소화했다. 그러나 영국 의회나 왕립학회에 주요할 만한 개혁을 이루지는 못했다. 이 와중에도 차분 기관 연구를 계속해서 차분 기관 1호를 탄생시켰다. 배비지는 이에 만족하지 않고 해석 기관의 발명을 구상하게 된다. 이는 덧셈, 뺄셈을 넘어 더 다양한 작업을 수행할 수 있는 기계이다. 바로 현대의 컴퓨터와 같은 기계를 꿈꾸었던 것이다.

5 해석 기관을 발명하다 110

1834년경 배비지는 자신이 만든 차분 기관의 한계를 넘어선 기계를 설계하기 시작했다. 차분 기관은 수동으로 입력한 단 한 개의 차분에 대해서만 숫자표를 계산할 수 있었다. 따라서 차분을 빈번하게 변경해야 하는 공식인 로그와 삼각함수를 계산하기 위해서는 다른 방법이 필요했다. 또한 곱셈을 완전히 자동으로 하기를 원하는 등 배비지의 조작 메커니즘은 점점 더 복잡해지기 시작했다. 배비지는 기관을 저장 장치와 제작 장치로 나누었다. 또한 천공 카드를 통하여 제어 문제를 해결함으로써 이윽고 차분 기관에서 해석 기관으로의 전환을 마무리했다.

철학자의 일생에서 듣는 은밀한 이야기들 138 6

1861년 일흔의 나이에 접어든 배비지는 자신의 죽음을 준비하기 시작하여 『한 철학자의 일생에서 듣는 은밀한 이야기들』이라는 제목의 회고담을 출간했다. 배비지는 스스로를 철학자라고 생각했다. 자신의 활동 영역이 수학이라는 좁은 범위를 훨씬 뛰어넘고 있었기 때문이다. 그 당시 자연철학이라는 용어는 천문학, 물리학, 지리학, 화학을 통칭하는 말로 사용되었다. 배비지는 여전히 왕립학회 및 영국 과학계의 위상에 대해 비판했고, 휴얼과 에어리 같은 보수주의 과학자들과 충돌했다. 그러나 쉼 없이 활동하는 정신의 소유자였던 배비지는 자신의 재능을 끊임없이 사용해 사회에 이득을 주고자 했다. 1851년에는 해양 안전을 위해 명멸등을 고안하기도 했다. 1871년 10월 아들 헨리가 지켜보는 가운데 세상을 떠났다.

7 컴퓨터 시대가 열리다 158

배비지 사후의 기계식 계산은 점차적으로 발전했다. 콜마르의 초기 계산기는 파리박람회에 전시된 이후로 상업적인 성공을 거두기도 했다. 1885년 미국에서는 버로스가 현금 출납기 및 여타 계산기의 토대가 된 인쇄식 덧셈 기계를 선보였다. 홀러리스의 천공 카드 도표 작성 기계는 1900년대 초반 유명한 물건이었다. 배비지의 것과 비슷한 정도로 복잡한 기계를 제작하겠다는 첫 번째 제안서는 1937년 하버드 대학교의 물리학자 에이컨이 프로그램식 전자 계산 기계를 착안하면서 제출되었다. 이 기계는 1944년 마크 I 컴퓨터란 이름으로 완성되었다. 현대적인 의미에서 프로그램식 범용 컴퓨터는 1943~1945년 사이에 펜실베이니아 대학교에서 개발된 에니악이다. 바로 뒤이어 에드박, 월윈드, 에드삭 등이 개발되었다. 이런 전자식 컴퓨터의 세부적인 부분에 대해서는 배비지에게 공을 돌릴 수는 없지만 그가 그들의 지적·정신적 조상이었으며 새로운 컴퓨터 시대의 밑거름이 된 영웅적 선구자였음은 틀림없다.

"이 계산은 증기 엔진으로 할 수 있으면 좋겠군."

지루한 숫자 계산을 하던 배비지의 하소연에

친구 허셜은 가능할 것이라고 대답했다.

1822년 6월, 배비지는 계산하는 작은 모형 기계를 만들었다.

자신은 몰랐지만 이는 미래의 컴퓨터 시대를 연 엄청난 밑거름이 되었다.

한 수학자의 탄생 과정

약혼녀 조지아나 휘트모어의 사진을 넣은 로켓의 다른 반쪽에 있던 찰스 배비지의 소형 초상. 이들은 1814년에 결혼했다.

두 젊은이가 숫자에 관해 열심히 연구하고 있었다. 일 년 내내 규칙적으로 관찰되는 수많은 별들의 위치 값을 사람들은 두 패로 나누어 계산했다. 그 결과를 이제 두 젊은이가 비교하는 것이다. 이들은 오류 숫자가 쌓일수록 작업이 점점 지루해졌다. 케임브리지 대학교를 갓 졸업한 과학자 찰스 배비지와 존 허셜은 좀 더 나은 방법이 있어야 한다고 생각했다.

"이 계산은 증기 엔진으로 할 수 있으면 좋겠군."

배비지가 하소연했다. 허셜은 배비지의 하소연에 가능할 것이라고 대답했다. 배비지는 그 후 며칠 동안 마음속으로 이리저리 궁리했다. 마침내 그는 그게 가능할 뿐 아니라 실제로 그렇게 만들겠다고 마음먹었다. 1821년 말의 일이었다.

1822년 6월경에 배비지는 계산하는 작은 모형 기계를 만들었다. 그는 런던의 왕립천문학회에 자신의 성공을 알렸다.

나는 계산된 값이 기계에 순서대로 나타나도록 하는 방법들을 고안했습니다. 이 기계에 의해 구성되는 활자의 배열은…… 이 기계로 계산한 모든 숫자표는 오류가 전혀 없습니다.

이렇게 시작한 배비지는 인생의 많은 시간을 기계식 계산의 꿈을 실현하는 데 바쳤다. 결론부터 말하면, 그는 결국 꿈의 기계를 만드는 데 실패했다. 비록 그가 고안한 원리들이 훌륭한 것이기는 했지만 그런 기계를 제작하는 데 소요되는 시간과 경비는 그가 어찌할 수 있는 수준을 훨씬 넘었다. 처음에 재정 지원을 해주었던 정부도 그가 계획을 완성시킬 때까지 기다리지 못했다.

호기심 많은 소년 찰스 배비지

배비지는 1791년 12월 26일 런던 남부 지역에서 태어났다. 아버지 벤자민 배비지는 데번(잉글랜드 남서부 지역) 주 토트네스 출신으로, 성공한 은행가였다. 아버지는 부유해질 때까지 결혼을 미루었다가 서른여덟 살에야 결혼을 하고 새로운 금융회사에 합류하기 위해 런던으로 갔다. 어머니인 엘리자베스(베티) 플럼리이 티프는 아버지보다 일곱 살 적었다. 배비지는 부모님이 결혼한 지 일 년 남짓 후에 태어났다. 부모님은 나중에 두 명의 아들을 더 낳았지만 모두 영아 때 사망했다. 딸 메리 앤은 1798년에 태어났다. 앤은 배비지보다 오래 살았다. 또한 두 남매는 평생토록 매우 가깝게 지냈다.

배비지는 어렸을 때 물건들이 어떻게 작동하는지에 대해 큰 호기심을 보였다. 그는 새로운 장난감이 생길 때마다 캐묻곤 했다.

"엄마, 이 안에 뭐가 들어 있어?"

엄마의 대답이 만족스럽지 못하면 종종 장난감을 뜯어

서 직접 속을 확인했다. 한번은 어머니가 런던에서 열리는 기계류 전시회에 그를 데리고 갔다. 배비지는 한 전시물에 매우 흥미를 가졌다. 그 작품을 출품한 기술자는 그를 작업실에 초대했다. 거기서 소년 배비지는 날개를 퍼덕거리며 부리를 움직이는 작은 새를 들고 춤을 추는 30센티미터 정도 크기의 은색 인형을 보고 완전히 매료되었다. 배비지는 인형 내부의 기계 장치에 대해 호기심이 발동했지만 뜯어보지는 않았다. 하지만 여러 해가 지나고 나서 그는 경매에 나온 그 인형을 구입했다. 그리고 그 인형이 제대로 작동하도록 고쳐서 응접실에 놓아 그 기묘한 움직임을 직접 보여 주었다.

열 살 때 배비지는 심한 열병을 앓았다. 현대적인 의약품과 접종 방법이 없었기 때문에 배비지의 부모는 그가 생명을 잃을까 봐 걱정했다. 그래서 시골 생활이 건강에 도움이 될 것이라는 바람으로 배비지를 토트네스 근처 덴버의 학교로 전학시켰다. 배비지의 선생님에게 그의 건강에 신경을 써 주고 공부를 너무 많이 시키지 말아 달라는 부탁도 잊지 않았다. 말년에 배비지는 자신의 선생님이 '아버지의 부탁을 충실하게 지켜 주었다'고 회고했다. 배비지는 호기심 때문에 무엇이든 직접 확인해 보지 않으면 못 견뎌 했다. 그는 악마 숭배자들의 주문이 실제로 효과가 있는지 알아보기 위해 실험을 해 보기도 했다. 적어도 그가 보기에 그런 주문은 전혀 효과가 없었다.

배비지의 학교 생활

1803년 무렵 배비지의 아버지는 현직에서 물러나도 별 걱정이 없을 만큼 충분한 재산을 모았다. 그는 가족을 데리고 토트네스로 귀향했다. 그와 동시에 건강이 좋아진 배비지를 런던 근교의 엔필드에 있는 작은 기숙학교로 보냈다. 배비지는 3년 동안 그 학교를 다녔다. 엔필드에서 배비지는 아마추어 천문학자인 스티븐 프리먼 선생님을 만났다. 프리먼 선생님 덕분에 배비지는 과학과 수학에 대해 관심을 갖게 되었다. 배비지의 수학 실력은 그리 크지 않은 학교 도서관에서 찾은 책들을 대개 독학으로 키운 것이다. 엔필드에서 두 번째로 맞은 해에 배비지는 또 한 명의 소년과 함께 매일 새벽 세 시에 일어나서 대수학을 공부했다. 프리먼 선생님은 몇 달 뒤에 이런 사실을 알고 더 이상 그렇게 하지 못하게 했다. 배비지는 프리먼 선생님이 가르쳤던 이 학교에 대해 매우 흡족하게 생각했다. 나중에 잠깐 동안이지만 그는 두 아들을 이 학교에 보내기도 했다.

그 다음에 배비지는 케임브리지 근처의 작은 학교로 옮겨서 2년을 더 다녔다. 케임브리지 대학교에 입학하기 위한 준비를 했던 것으로 보이는데, 이 학교는 배비지에게 별로 영향을 주지 못했다. 열여섯 살 혹은 열일곱 살 때 배비지는 부모님과 함께 지내기 위해 데번으로 돌아온다. 집에서 가정교사로부터 라틴어와 희랍어를 배웠고, 독학으로 수학을 공부하는 데 많은 시간을 투자했다. 그때까지 대수학을 열광적으로 좋아해서 대수학에 관한 책이면 무엇이든 닥치는 대로 읽었다.

뉴턴과 라이프니츠의 미적분법

1810년 가을, 배비지는 케임브리지 대학교의 트리니티 대학에 입학했다. 이곳은 미적분과 중력이론을 고안한 아이작 뉴턴이 다녔고, 또 가르쳤던 학교였다. 배비지는 이곳에서 최고 수준의 수학 교육을 받을 것으로 기대했겠지만 크게 실망했을 것이 뻔했다. 뉴턴의 재직 기간 이후 한 세기가 지나도록 케임브리지 대학교는 수학 연구에서 별다른 진전을 보이지 못했다. 사실 뉴턴 이후에 수학 분야에서 이루어진 거의 모든 진보는 프랑스와 스위스 수학자들의 공이었다. 그들은 뉴턴과 비슷한 시기에 미적분을 고안한 독일의 고트프리트 라이프니츠의 계산법을 따랐기 때문이다(계산법만을 놓고 본다면 라이프니츠의 방법이 훨씬 더 유용하고 효과적이었다—옮긴이). 뉴턴과 라이프니츠, 이들 두 수학자는 독자적으로 미적분법을 고안했지만 영국인들은 라이프니츠가 뉴턴의 아이디어를 훔쳤다고 주장했다.

미적분법을 이용하면 변화하는 양을 계산할 수 있다. 예컨대, 물이 가득 담긴 통에 난 구멍으로 물이 빠져나갈 때 통의 물 높이가 낮아짐에 따라서 변화하는 물의 분출 속도를 알아낼 수 있다. 뉴턴은 그 양을 흐르고 있는 것으로 생

뉴턴(1642~1727)
영국의 물리학자·천문학자·수학자. 광학 연구로 반사 망원경을 만들고, 뉴턴 원무늬를 발견했으며, 빛의 입자설을 주장했다. 만유인력의 원리를 확립했다.

라이프니츠(1646~1716)
독일의 수학자·물리학자·철학자·신학자. 신학적·목적론적 세계관과 자연과학적·기계적인 세계관과의 조정을 기도하여 단자론에서 '우주 질서는 신의 예정 조화 속에 있다'라는 예정 조화설을 전개했다. 수학에서는 미적분법을 확립하여 후세에 큰 공헌을 했다.

케임브리지 대학교의 트리니티 대학. 1546년에 설립된 이 학교는 뉴턴과 배비지가 다녔고 또 가르쳤던 학교이다. 두 사람은 똑같이 케임브리지 대학교의 수학과 루카스 석좌 교수가 되었다.

당대 최고의 초상화가인 고드프리 넬러 경이 그린 뉴
턴 경의 초상화. 뉴턴이 46세였던 1689년에 그린 그림
이다.

각했으며, 그래서 자신의 기법을 흐름량(fluxion)에 관한 연구라고 불렀다. 반면에 라이프니츠는 연속적인 차이를 변화하는 양으로 파악했으며, 그래서 자신의 기법을 차이량(differentials)에 관한 연구(오늘날 미분에 쓰이는 기호법은 라이프니츠의 표기법을 사용하며, 미분을 영어로 differential이라고 쓰고 뉴턴이 사용한 fluxion은 이와 구분해 유율법이라고 부른다―옮긴이)라고 불렀다. 또한 두 사람은 변화하는 양을 기호로 표기하는 방법에서도 서로 달랐다. 다시 말해, 그들은 서로 다른 수학적 표기법을 사용했다.

뉴턴의 그늘에서 벗어나지 못하는 케임브리지 대학교

케임브리지 대학교에 입학했을 때 배비지는 최신의 수학을 배우는 데 열중했다. 아버지로부터 연간 300파운드의 생활비를 받고 있던 배비지는 데번에서 케임브리지로 가는 도중에 런던에 들러서 거금을 들여 가장 좋은 미적분 교과서를 샀다. 프랑스의 수학자인 실베스트르-프랑수아 라크루아가 쓴 세 권짜리 책이었다. 배비지는 2파운드(일주일 생활비의 3분의 1)면 살 수 있을 것으로 기대했지만 영국과 나폴레옹 간의 전쟁으로 인해 프랑스 책의 가격이 많이 올라 있었다. 그래서 책방 주인이 요구하는 대로 7파운드를 주고 책을 샀다. 몇 주 동안 배비지는 포도주를 덜 마실 수밖에 없었다.

케임브리지에 거처를 마련한 이후, 배비지는 새 책을 파

THE
METHOD of FLUXIONS
AND
INFINITE SERIES;
WITH ITS
Application to the Geometry of CURVE-LINES.

By the INVENTOR
Sir ISAAC NEWTON, *K*
Late President of the Royal Society.

Translated from the AUTHOR'S LATIN ORIGINAL
not yet made publick.

To which is subjoin'd,
A PERPETUAL COMMENT upon the whole Work,

Consisting of
ANNOTATIONS, ILLUSTRATIONS, and SUPPLEMENTS,

In order to make this Treatise
A compleat Institution for the use of LEARNERS.

By *JOHN COLSON*, M.A. and F.R.S.
Master of Sir Joseph Williamson's free Mathematical School at Rochester.

LONDON:
Printed by HENRY WOODFALL;
And Sold by JOHN NOURSE, at the Lamb without Temple-Bar.
MDCCXXXVI.

『유율과 무한급수의 방법』은 수학에 관한 뉴턴의 3대 저작 가운데 하나이며, 역사적으로 미적분법의 고안자로서 라이프니츠에 비해 뉴턴이 먼저였음을 주장하는 근거이다.

고들었다. 마침내 혼자 힘으로는 이해할 수 없는 몇 가지 수학 추론에 부딪혔다. 그는 자신의 개별 지도 교수인 존 허드슨을 찾아갔다. 허드슨 교수는 배비지의 질문을 듣고 나서 그런 질문은 대학 시험에 절대로 나오지 않으니, 그 시간에 시험에 나올 만한 다른 문제들을 푸는 것이 더 나을 것이라고 말했다.

또 다른 지도 교수로 새로운 스타일에 관한 책들을 쓴 로버트 우드하우스가 있었지만 그는 배비지에게 거의 영향을 미치지 않았다. 배비지는 우드하우스의 책들 가운데 한 권의 영문 서평에서 그를 무자비하게 비판했다.

우드하우스가 뉴턴 경의 유율 개념을 버리고 라이프니츠의 미분 개념을 택한 것을 보면 어리석다는 느낌밖에 들지 않는다. 라이프니츠는 여러 방면에 재능을 가진 탁월한 사람이기는 하지만 분명히 과학의 영역에서는 표절자이기 때문이다. 두 사람의 계산법은 명칭과 개념만 다를 뿐이다. 유율은 적어도 미분법보다는 단순하며 간결성에 있어서는 말할 것도 없이 미분법보다 우월하지만, 미분과 계산상으로는 동일한 결과를 보여 준다. 이것이 사실이기 때문에, 또 그리고 런던의 왕립학회가 그 수학적 장치에 대한 뉴턴의 주장을 많은 노고를 들여서 조사하여 확립했기 때문에, 우리는 이 땅의 주요 수학자들이 다른 사람의 표기법으로 인하여 그 고안자의 표기법을 포기할 생각을 결코 하지 않을 것이라고 믿고 있다.

이는 뉴턴과 라이프니츠 사이에 논쟁이 있은 지 90년이 지나서 발생한 것이다. 이 서평에 뉴턴이 라이프니츠의 계산법에 관하여 고소장을 작성했다는 말은 언급하지 않고 있다.

배비지는 수학자가 되려면 자기 힘으로 공부를 계속해야 한다는 사실을 재빨리 깨달았다. 그는 선생님들에게 아무런 도움도 구하지 않았다. 분명히 케임브리지 대학교의 교수들은 뉴턴의 업적에 압도당해 있었다. 그들은 케임브리지의 수학 교육의 질에 대해서는 자부심을 가지고 있지만, 자신들이 뉴턴의 업적을 능가하는 것은 어느 모로도 불가능하다고 여기고 있었다. 실제로 모든 영국인들은 수학 분야에서 케임브리지 대학교의 학위는 전문가로서의 삶을 위한 더할 나위 없이 훌륭한 준비라고 인식하고 있었다. 법률이나 의학, 혹은 신학 분야에서는 그렇지 않다고 생각하는 사람이 있을지도 모르지만 말이다. 하지만 케임브리지 대학교의 수학 시험은 뉴턴의 저술들에서 뽑아낸 내용을 암기하는 능력을 평가하는 것에 불과했을 뿐 수학적 능력 자체를 평가하지 못했다. 배비지가 생각하기에 그들은 100년은 시대에 뒤떨어져 있었다.

해석학회의 결성

이윽고 배비지는 이 문제와 관련하여 무언가를 해야만 한다고 결심했다. 케임브리지에서 맞은 두 번째 해에 배비

고트프리트 라이프니츠. 철학자이자 수학자이며 역사가
였던 그는 독일 하노버 왕가의 관리였다. 잉글랜드의 조
지 I세가 하노버의 선제후가 되었을 때, 뉴턴(라이프니츠
의 숙적)은 라이프니츠를 런던에 데려오지 못하도록 왕
을 설득했다.

지는 농담 삼아 친구에게 라크루아의 책을 다른 동료 학생들에게 권장하기 위해 학회를 결성하자고 제안했다. 성서 독해를 장려한다는 목적으로 학생 그룹이 새롭게 결성된 상태였기 때문에 이 제안은 현실성이 있었다. 배비지는 성서학회가 붙인 포스터를 패러디하여 라크루아의 책을 위한 작은 포스터를 그렸다. 며칠 후에 10여 명의 학생들이 모여 해석학회를 결성했다.

해석학회는 1812년에서 1814년까지 학기 중에 월례 모임을 가졌다. 해석학회의 성과물 가운데 일부가 1813년에 작은 책으로 만들어졌다. 하지만 이 학회의 가장 큰 성과물은 미분 계산에 관해 두 권의 책을 출간한 것이다. 그중 첫 번째 책은 배비지와 친구 둘이 라크루아의 책 일부를 번역한 것이다. 이 책은 1816년에 출간되었다. 이들 셋은 4년 후에 미분 계산 문제집을 두 권의 책으로 엮기도 했다.

배비지의 두 친구는 존 허셜과 조지 피콕이다. 허셜은 천왕성을 발견한 그 유명한 천문학자 윌리엄 허셜의 아들이다. 존 허셜은 아버지의 뒤를 이어 1800년대 영국의 과학계를 이끄는 인물들 가운데 하나가 되었다. 허셜과 배비지는 평생의 친구가 되었다. 배비지가 첫째 아들의 이름을 허셜이라고 지을 정도로 그들은 절친한 사이였다. 피콕은 거의 평생토록 케임브리지 대학교에서 수학을 가르쳤다. 그는 케임브리지 대학교의 수학 교과과정을 개혁하는 데 역량을 발휘했다. 물론 이 일을 성취하는 데는 여러 해가

윌리엄 허셜(1738~1822) 독일 태생의 영국 천문학자. 대형 반사 망원경을 제작했으며 1781년에 천왕성을 발견했다. 통계 항성 천문학의 창시자이다.

걸렸다.

　해석학회의 회원들 가운데
서는 배비지의 평생 친구들이
여럿 있었다. 그중 하나가 에
드워드 브롬헤드이다. 배비지
는 자신의 한 아들에게 브롬헤
드라는 이름을 지어 주었다.
브롬헤드는 아버지로부터 링
컨셔의 부동산을 물려받았으
며, 남은 생애 동안 그것을 관
리하면서 살았다. 에드워드 라
이언 역시 배비지와 평생토록
친분을 유지했다. 라이언은 인
도 뱅골 지방의 재판장이 되었다.

존 프레드릭 윌리엄 허
셜 경은 배비지와 평생
의 친구였다. 그는 천왕
성을 발견한 프레드릭
윌리엄 허셜의 아들이
다. 남아프리카의 케이
프 지방에서 본 남쪽 하
늘의 천문도를 작성했으
며 사진술에서도 선구자
였다.

활동적이고 사교적인 배비지

　우리는 배비지가 수학 공부에만 몰두했을 거라고 생각
하기 쉽지만 그것은 오해이다. 사실 그는 관심사가 서로
다른 다양한 부류의 친구들과 어울리기 좋아하는 인기 만
점의 사교적인 학생이었다. 그는 매주 일요일이면 한 무리
의 친구들과 만나 아침 식사를 하면서 삶과 죽음의 의미와
같은 철학적 문제를 토론했다. 또 다른 무리의 친구들과는
케임브리지 강으로 보트를 타러 가기도 했다. 이 친구들은

그들의 지적 능력 때문이 아니라 바람이 없을 때도 노를 저어 보트를 운행하는 능력 때문에 배비지와 친구가 된 것이다. 배비지는 또 보드 게임에서도 소문이 자자했다. 그는 체스와 휘스트(브리지와 유사한 카드 게임의 일종)에 소질이 있었다. 배비지는 화학에도 관심이 많아서 자신의 집에 실험실을 꾸려 놓을 정도였다. 허셜이 종종 그의 실험을 도왔다.

배비지의 생활을 이해하기 위해서는 그 당시의 통화를 오늘날의 화폐 가치로 환산해 볼 필요가 있다. 대충 비교해서 1800년대 초기의 영국 화폐 1파운드는 1900년대 말의 200달러에 해당한다. 그러니까 배비지의 일주일 용돈 6파운드는 오늘날로 치면 1200달러가 된다. 분명 아주 초라한 생활비는 아니었다. 물론 당시의 물가는 이러한 기준으로 일괄적으로 평가할 수는 없다. 일반적으로 말해서 공산품은 오늘날보다 비쌌고, 생활필수품은 좀 더 쌌다. 당시 영국의 평범한 사원이나 노동자들의 급여는 주당 약 1파운드였다. 가난한 노동자들은 그 돈으로 가족을 겨우 부양했다. 식료품 가격이 매우 낮아서 1파운드면 고기 23킬로그램을 살 수 있었다.

배비지의 일주일 지출액은 아마도 6파운드는 넘었을 것이다. 왜냐하면 그는 여름이면 데번에 있는 고향집에서 지냈기 때문이다. 추측건대 아버지는 그에게 방값이나 밥값을 받지 않았을 것이다.

1812년 여름 배비지는 친구 라이언과 함께 휘트모어 가문의 두 딸과 만났다. 여덟 명의 딸 가운데 제일 어린 이 두 딸은 잉글랜드 중서부 도시인 슈롭셔의 집에서 살고 있었다. 사랑이 꽃피었으며 여름이 끝나기 전에 배비지는 자신보다 한 살 어린 조지아나 휘트모어와 약혼했다. 라이언은 루이자와 약혼했다.

배비지가 대학 생활에서 바란 것

많은 케임브리지 대학생들에게 있어서 가장 중요한 활동은 시험 공부였다. 졸업 후에 좋은 직장을 얻을 수 있는 가장 확실한 방법은 우수한 성적을 받는 것이다. 당시 학생들은 많은 친구를 사귀는 것은 시간 낭비라는 충고를 들었다. 학생 지침은 또 '개별 지도 교수가 추천하는 책 대신에 스스로의 생각으로 적당하다고 여기는 책을 읽는 것은 게으르고 어리석어지는 첫 번째 단계'라고 한탄하고 있었다. 배비지는 이 충고를 따르지 않았다. 그의 개별 지도 교수들 가운데 한 사람에 의하면, 배비지는 등수를 전혀 신경 쓰지 않았으며 자신이 할 일을 그가 알고 있다는 것을 알아 주기만을 바라고 있었다고 한다.

"그는 수학 과목은 마음만 먹었다면 쉽게 일등을 할 수 있다고 믿는데, 실제로 그는 수학 과목에서 우등상을 타려고 다른 학생들과 경쟁하지 않았다."

대학 졸업 후 맞은 여름에 배비지는 학생 생활지침에 반하는 이야기를 허셜에게 편지로 썼다.

내가 대학 교육에 언제나 가치를 두는 것은 두 가지 이유 때문이네. 책에 대한 접근을 주선하고, 친구를 얻을 수 있는 소중한 기회를 제공하기 때문이지. 후자와 관련해서 나는 특히 운이 좋았지. 대학에 다니는 동안 내가 여러 친구들과 맺은 우정을 나는 언제나 소중히 여길 걸세. 자네를 알게 된 사실을 별일 아닌 것으로 여길 리는 절대로 없을 걸세.

배비지의 결혼

배비지는 1814년 봄에 케임브리지 대학교를 졸업했다. 그는 아버지의 반대에도 불구하고 그해 6월에 조지아나 휘트모어와 결혼했다. 아버지는 더 이상 조지아나에 대하여 불만을 이야기하지 않았지만, 아버지의 생각은 그 자신이 그랬듯이 재정적으로 적당히 기반을 닦을 때까지 결혼을 미루는 쪽이 좋겠다는 것이었다. 배비지는 데번의 한 아름다운 마을에서 신혼생활을 시작했다. 그곳에서 배비지는 허셜에게 보낸 한 통의 편지에 당시 자신의 상황을 적었으며, 그러고 나서 그가 연구 중인 몇 가지 수학적 정리들에 관한 이야기를 했다. 허셜은 편지를 받고 깜짝 놀라 바로 배비지에게 답장을 썼다.

"'나는 결혼은 했고 아버지와 다투고 있다'—배비지에게 신의 가호가 있기를—한 남자가 조용히 앉아서 이 두 문장을 적고, 그러고 나서 함수 방정식에 관해 적기 시작한다는 게 가능할까?"

신혼부부는 데번의 시골 마을에서 낭만적인 긴 여름을 보냈다. 가을에는 런던으로 이사를 했다. 아버지가 누누이 얘기했음에도 불구하고 배비지는 직장을 잡지 않았으며 장래에 대한 명확한 계획도 세우지 않았다. 다행히 아버지는 연간 300파운드씩 계속 생활비를 보내 주었다. 거기에다 조지아나의 돈 150파운드를 보탤 수 있었다. 이 정도의 수입으로 배비지 부부는 사치스럽게 즐기지는 못했지만 그럭저럭 생활을 유지할 수 있었다.

조지아나 휘트모어는 1814년 배비지와 결혼했다. 그 당시 배비지는 아직 케임브리지 대학교 학생이었다.

완고한 과학계의 개혁을
꿈꾸는 젊은이

2

1814년에 신혼부부인 배비지 부부는 런던의 상류사회가 모이는 곳인 리젠트 파크의 정남쪽에 위치한 메리번 구역으로 이사했다. 1830년대에 이 지역에서는 공원의 얼어붙은 연못에서 스케이트를 즐길 수 있는 즐거움이 있었다.

배비지 부부는 1814년 가을에 런던으로 이사했다. 그들은 여러 지역을 전전하며 몇 달을 보낸 후에 런던의 북서쪽에 자리한 리젠트 파크의 정남쪽에 위치한 메리번에 작고 안락한 집을 마련했다. 이곳에 정착하기 한 달 전인 1815년 8월 6일에 조지아나는 벤자민 허셜 배비지를 낳았다. 이 아이는 항상 허셜이라고 불렸다. 다른 아이들은 약 2년 터울로 태어났다. 찰스 주니어, 조지아나, 영아 때 죽은 두 아들, 듀갈드 브롬헤드, 그리고 마지막으로 헨리 프리보스트가 태어났다.

런던에 자리 잡은 배비지

런던에서 살았던 배비지의 사회 초년기는 대체로 행복했다. 배비지는 영국의 다른 지역에 사는 친구들이나 친척들과 서로 왕래했다. 보통 여름 동안을 데번에서 지냈으며, 휘트모어를 방문하기 위해 슈롭셔로 짧은 여행을 가기도 했다. 배비지는 아버지에 대한 자신의 경험을 되살려 노력하기는 했지만 그도 다소 엄격하고 거리감을 주는 아버지였다. 친구인 허셜에게 보낸 편지에서 아버지를 이렇게 묘사했다.

아버지는 엄하고, 완고하고, 말이 없으시다. 매우 공정하며, 때로는 개방적이지만 결코 관대하지는 않으시다. 또, 생각할 수 있는 가장 무서운 성미를 지니셨다. 아버지는 우리 가족에게 폭군이다. 아버지가 계실 때는 온 집안에 정적이 흐르고 우울한 분위기가 형성되었다. …… 자신은 물론 자신과 관련된 모든 사람을 괴롭혔으니 아버지는 당연히 불행하시다. 그런 사람이 사랑을 받을 수 있을까? 그건 불가능하다.

아버지는 배비지의 부성 모델이었다. 그래서 자신도 아버지로서의 역할을 할 때 설정하는 기대치가 그리 높지 않다고 해도 아마 용서받을 수 있지 않을까? 두 어린 아들은 어렸을 때 아버지인 배비지에 대해 상당한 두려움을 가지고 있었다. 하지만 헨리는 나중에 자라서 한동안 배비지의 친근한 조수 역할을 했다.

한동안 배비지는 유급 일자리를 찾아다녔다. 혼자서도 무언가를 할 수 있다는 것을 아버지에게 증명해 보이기 위해서였다. 1816년, 그는 런던에서 북쪽으로 몇 킬로미터 떨어진 곳에 있는 한 대학의 수학 교수직에 응시했다. 봉급이 500파운드인 자리였다. 두 명의 유력 인사로부터 강력한 추천장을 받았다. 하지만 그는 그 자리를 얻지 못했다. 이사회에 영향력을 행사하지 못했기 때문이라는 소리가 들렸다. 그로부터 3년 후에, 또다시 탁월한 수학자들로부터 추천서를 받았지만 에든버러 대학교의 자리도 놓쳤다. 그 자리는 어떤 스코틀랜드 사람에게 돌아갔다. 사실, 배비지는 독립적인 성격 때문에 어떤 자리든 일자리를 얻는 것이 쉽지 않았다.

과학계에 소개된 배비지

배비지와 아내는 그들 부모로부터 받는 그리 마음 편치 않은 돈으로 근근이 생계를 꾸렸다. 그렇지만 배비지는 케임브리지에서 공부한 수학적 주제들에 관해 계속 연구했다. 게다가 화학과 역학 분야의 흥미 있는 실험들을 위해 방 하나를 작업실로 꾸몄다. 또한 런던 과학계의 거물들에게 자신을 알리기 시작했다. 배비지의 집 가까운 곳에 살았던 존 허셜은 배비지를 과학계에 소개했다. 허셜 부자는 배비지가 왕립학회에 입회할 때 후원자가 되어 주었다. 1662년에 창립된 왕립학회는 영국의 대표적인 과학 기구였다. 뉴턴이 1702년부터 1727년까지 영국 왕립학회의 회장직을 맡기도 했다.

왕립학회는 과학 논문들을 모아 월간지를 발행했다. 배비지는 1815~16년에 발행된 〈왕립학회 철학회보〉에 계산에 관해 111쪽 분량의 논문을 실었다. 또한 허셜의 영향력 덕분에 1816년 런던의 왕립연구소에서 주관하는 연속 강연의 연사로 초대되었다. 1800년에 창립된 왕립연구소는 과학 분야의 연구소와 공개 포럼이라는 두 역할을 수행했다. 연구소장이었던 험프리 데이비는 중요한 화학 연구를 수행했으며 몇 가지 새로운 원소를 발견한 인물이다. 그의 뒤를 이어 소장이 된 마이클 패러데이는 나중에 전자기에 관한 중요한 업적을 남긴다. 이 두 사람은 런던의 최상류층 사회를 대상으로 한 대중적 과학 강연에서 탁월한

데이비(1778~1829)
영국의 화학자. 아산화질소의 생리작용을 발견하고 전기분해에 의해 처음으로 알칼리 및 알칼리 토금속의 분리에 성공했다.

패러데이(1791~1867)
영국의 물리학자·화학자. 전자기 유도를 발견하고, 전기 분해에 관한 패러데이의 법칙을 세웠다.

역량을 발휘했다. 배비지의 연속 강연도 평가가 좋았다. 그 강연으로 배비지는 과학자로서의 역량을 입증해 보이고 런던 사회의 중심부에 들어가게 된다.

왕립학회의 개혁을 꿈꾸는 두 젊은이

배비지는 가족과 함께 사교적 목적으로 외국을 방문하는 것 이외에 과학적 목적으로도 자주 해외여행을 했다. 1819년에는 친구 허셜과 함께 훌륭한 과학자들을 만나기 위해 파리로 갔다. 그들은 피에르 라플라스, 클로드 베르톨레, 장 푸리에, 장 비오, 프랑수아 아라고 등과 만나서 친구가 되었다.

라플라스는 행성계에 관한 뉴턴의 분석을 확장하고 심화시키는 데 많은 공헌을 한 이론 천문학자였다. 라플라스는 나폴레옹 정부에서 고위직을 맡기도 했다. 배비지는 그와 같은 위상에 도달할 것으로 기대되는 과학자가 영국에는 단 한 명도 없다고 말한 바 있다. 탁월한 화학자인 베르톨레는 직물 염색과 같은 산업 공정을 향상시키는 일에 적극적으로 참여했다. 푸리에는 두각을 나타내는 수리 물리학자였다.

"그의 소박하고 온화한 태도와 아파트에서도 눈에 띄는 감탄할 만한 취향은 그와 우정을 나눈 사람들 대부분이 느끼고 있는 것이었다."라고 배비지는 기록했다.

비오는 기구 타기를 즐겼으며 빛과 전기, 자기 등의 현

베르톨레(1748~1822) 프랑스의 화학자. 염소 표백법을 발견하여 염색에 대하여 연구하고 화학 명명법의 제정에서 라부아지에에게 협력했다.

푸리에(1768~1830) 프랑스의 물리학자 · 수학자. 열전도를 연구하고, 〈푸리에 급수〉를 발표하여 근대 편미분 방정식의 기초를 세웠다.

프랑스의 수학자인 피에르 라플라스는 프랑스의 뉴턴으로 불렸다. 그는 천체 역학 분야에서 중요한 저술을 남겼으며, 확률 이론과 열화학의 분야를 확립하는 데 일조했다.

상을 열심히 탐구했다. 배비지가 말년의 비오를 방문해 건강이 허락한다면 만나기를 청한다고 하인에게 말했다. 하인에게서 그 말은 전해 들은 비오는 침대에서 일어나 거실로 나와 말했다.

"여보게 친구. 내가 죽는 한이 있어도 자네는 만나야지."

물리학자인 아라고는 비오와 같이 작업했으며 그 당시 정부에서 활약하고 있었다.

런던의 왕립학회는 그의 업적을 인정하여 1825년에 코플리 상을 수여했다.

배비지와 허셜은 프랑스에서 과학이 조직화되어 있는 방식에 감탄하고 과학자들이 정부에 많은 영향을 미치는 것에 깊은 인상을 받고 런던으로 돌아왔다. 그들은 영국에는 개선할 것들이 많다고 느꼈다.

그 영향의 결과로 한 가지가 1820년대 초반에 나타났다. 아직 젊었던 배비지와 허셜은 기존의 왕립학회에 대해 불만을 품었다. 그들에게 왕립학회는 진정한 과학학회라기보다는 상류층 사교모임처럼 보였다. 사실 어떤 형태로든 과학 교육을 받은 사람은 회원의 3분의 1밖에 되지 않았다. 그들은 왕립학회가 천문학 연구에 거의 기여하지 못하고 있다는 사실을 깨닫고 천문학자들로 구성된 학회를 결성하기로 마음먹었다. 1820년 1월 12일 수요일, 그들은 프랜시스 베일리를 비롯해 11명의 천문학자들과 함께 런던에 있는 프리메이슨 여관에서 만찬을 같이하며 런던천문학회를 조직했다.

아라고(1786~1853) 프랑스의 천문학자·물리학자. 빛의 파동설을 실증했으며, 지구 자오선의 길이를 측정하고, '아라고의 원판' 실험을 했다.

프랑스 물리학자인 장 비오. 빛의 극성, 전자기 효과, 그
리고 고체에서의 열의 흐름 등을 연구했다.

두 사람의 친구인 베일리도 흥미로운 인물이다. 은행가인 베일리의 아버지는 1788년에 그를 런던의 무역회사로 보내 훈련을 시켰다. 1798년에는 주식중개회사에 취직시켜 상당한 재산을 축적하게 했다. 1810년경 베일리는 상당 기간 동안 종신연금의 투자수익률을 연구했다. 베일리는 여가 시간이 늘어났을 때 천문학 연구를 시작했다. 수학 훈련을 받았으며 많은 관심이 있었던 덕에 후에 항해력 증보판에 실을 정확한 별자리 목록표 작성에 참여했다. 항해력은 바다 항해에 사용할 목적으로 정부에서 발간하는 비정기 간행물이었다.

1836년, 베일리는 일식을 면밀히 관찰해 완전한 일식이 일어나기 전에 해와 달의 경계 지점에 나타난 일련의 밝은 점들에 대해 보고했다. 그 현상은 그의 업적을 기려 '베일리 구슬'이라고 한다.

베일리는 새로 결성된 천문학회의 간사가 되었으며 배비지, 허셜과 더불어 초대 이사진의 일원이 되었다. 이사진은 천문학회의 위상을 높이기 위해 왕립연구소의 의장이었던 에드워드 시모어 서머싯 공작을 회장으로 추대했다. 배비지는 시모어 가문과 친교가 있었으며 시모어 가문은 데번 주 토트네스 근처에 부동산을 갖고 있었다. 하지만 시모어 공작은 40년 이상 왕립학회의 회장을 맡고 있는 조셉 뱅크스 경과도 친교가 깊었다.

뱅크스는 왕립학회의 영향력을 지켜내려고 몹시 애를 썼으며 자신의 권력에 위협이 될 것 같은 어떤 움직임에

크레인 대저택. 1710년 매입하여 왕립학회 최초의 영구
본부로 사용되었다.

대해서도 격렬하게 적대적인 태도를 보였다. 뱅크스는 시모어 공작을 설득해 천문학회 회장직을 거절하게 만들었다. 그래서 이사진은 윌리엄 허셜 경에게 접근했다. 허셜 경은 자신에게 아무런 의무도 부과하지 않는다면 자신의 이름을 사용하는 것을 허락했다. 1820년에 뱅크스가 죽고 데이비가 왕립학회의 회장이 되었다. 영국 과학계의 일반적 상황은 데이비의 지배 하에서도 별로 변하지 않았다. 그래서 그로부터 10년 후에 배비지는 왕립학회의 독점에 대해 좀 더 강력하게 도전할 준비를 했다.

천문학회는 출범 후 영국의 천문학 발전을 위해 정열적으로 일했다. 특히 항해력에 실린 별자리 목록표를 확대하고 수정하는 작업을 적극적으로 추진했다. 이 작업은 15년 이상이 걸려 완수되었다. 천문학회는 번창했으며 1830년에는 회원이 250명에 달해 국왕으로부터 여러 가지 특전을 보장받는 특허장을 받았다.

왕립학회의 한 역사가는 새로운 학회들의 역량이 커지면 왕립학회에 해가 될 것이라고 걱정한 뱅크스의 두려움은 근거가 없는 것이었다고 적고 있다. 오히려 과학 연구에 대한 그들의 공헌은 "과학의 진보를 크게 촉진했으며 그들은 이 나라에서 명성을 쌓아갔다."고 밝혔다.

기계식 계산기의 고안

1821년, 천문학회는 항해력의 별자리 목록표를 개선하는 작업들 가운데 하나를 배비지와 허셜에게 맡겼다. 그들은 적절한 공식을 만든 다음에 사람들을 시켜 계산을 하게 했다. 오류를 줄이기 위해서 한 계산을 각기 다른 사람으로 하여금 두 번씩 하게 했다. 그런 다음에 두 계산 결과가 어긋나지 않는지 비교했다. 물론 두 사람 모두 똑같은 실수를 한다면 아무것도 밝혀낼 수 없겠지만 두 명의 수학자가 모든 기계적 계산 작업을 일일이 다 하는 것보다는 더 효과적이었다. 그들 또한 오류를 범할 수 있기 때문이다.

배비지가 어떻게 하면 틀에 박힌 계산을 기계적으로 할 수 있을지를 심각하게 숙고하기 시작한 것은 바로 이때부터였다. 몇 달의 숙고 끝에 그는 시계와 비슷한 기계 장치의 몇 가지 설계도를 만들었는데, 그 기계 장치들은 종이에 인쇄할 수 있는 숫자가 가장자리에 새겨진 바퀴모양의 휠들을 제어하도록 되어 있었다. 배비지가 고안한 기계, 즉 차등 엔진은 다음 장에서 상세히 논의할 것이다.

1822년 봄이 끝나갈 무렵에 배비지는 6자릿수를 산출할 수 있는 소규모 차등 엔진을 조립했다. 그 당시에 과학을 연구하던 대부분의 사람들과 달리 배비지는 작업실에 작은 선반 기계를 하나 갖고 있었다. 하지만 그것은 원하는 정도의 정밀한 휠을 만들 만큼 정교하지 못했다. 그래서 전문적인 기계 제작소에 가져가서 휠들을 연마하게 했다. 그러나 프레임은 스스로 만들어서 축과 휠들을 고정시켰다.

1822년 6월에 배비지는 천문학회의 회의에서 공개적으로 발표할 만큼 자신의 기계와 연산 원칙에 대해 확신에 차 있었다. 또한 차등 엔진을 상당히 자세히 기술한 공개 서한을 데이비 경에게 보냈다. 배비지는 그 편지를 인쇄하여 런던의 이곳 저곳에 배포했다. 그 편지는 영국 정부의 주목을 받았다. 정부는 왕립학회로 하여금 그 발명품의 가치를 평가하도록 요청했다. 왕립학회는 즉각적으로 답변을 했다. 1823년 5월 1일에 왕립학회의 회원들은 다음과 같이 보고했다.

"우리는 배비지 씨가 어려운 작업을 수행한 데 대해 공식적으로 격려하는 것이 마땅하다고 생각합니다."

천문학회는 1824년에 배비지가 첫 번째 금상을 수상한 것에 감동 받았다.

계산 기계 제작에 도움을 준 브루넬과 클레멘트

영국 정부는 배비지에게 1500파운드의 장려금을 미리 지불했다. 배비지는 그 돈으로 실제 규모의 차등 엔진을 제작하기 시작했다. 그것은 매우 정밀하게 맞물려 작동하는 약 스무 세트의 휠들로 구성된 기계였다. 배비지는 작은 공장과 유능한 작업자들이 필요했다. 이 문제를 해결하기 위해 왕립학회의 특별회원인 공학자 마크 이삼바드 브루넬에게 조언을 구했다.

브루넬은 프랑스에서 태어나 교육을 받은 토목 공학자

였다. 1790년대에 잠깐 동안 뉴욕 시를 위해 기술 책임자를 지낸 경력이 있었다. 1799년에 훌륭한 아이디어를 갖고 영국으로 건너왔다. 그는 항해 선박용 활차 장치를 대량 생산하는 기계를 설계했다. 이 장치는 해군 전함 한 대당 1400대씩 필요했는데, 그 당시까지 이 장치는 한 대씩 수공으로 제작되고 있었다. 브루넬은 자신이 설계한 기계 장치를 만들기 위해 런던의 기술자인 헨리 모즐리를 고용했다. 목재 및 금속제 부품을 절단하고 성형하는 데 필요한 43대를 준비하면 예전에 100명이 수공 장비로 만들었던 것과 같은 양의 활차 장치를 10명이 더 좋은 품질로 만들 수 있었다.

1814년에 브루넬은 왕립학회의 회원으로 선출되었으며, 그곳에서 배비지와 만나 친분을 나누었다. 1823년에 브루넬은 차분 기관을 제작하려는 배비지에게 모즐리의 기술자 가운데 한 명을 추천했다. 모즐리는 고도로 정밀한 기계를 만들기로 명성이 자자했던 인물이다. 그의 기술자 가운데 한 명이었던 조셉 클레멘트는 배비지가 필요로 했던 바로 그런 사람이었다.

배비지는 자기 집의 방 셋을 작업실로 개조하여 그중 한 곳은 제철소로 만들었다. 클레멘트는 자기 집 주방의 선반 기계에서 작업을 시작했다. 이윽고 클레멘트는 배비지와 정부로부터 지원을 받아 작업장을 크게 확장했다. 8년 동안 차분 기관에 사용된 부품들은 배비지의 작업실과 클레멘트의 작업장 사이에서 오갔다. 클레멘트는 부품들을 제

브루넬(1769~1849)
프랑스 태생의 영국 기술자. 배의 블록 건조법과 템스 강의 강저 터널의 발굴로 유명하다.

조했고 배비지는 그 부품들을 이용하여 끊임없이 실험을 했다. 동시에 클레멘트는 자신이 만든 기계와 기술자들의 숫자를 늘려갔다. 클레멘트의 기술자들 가운데 한 사람이 조셉 휘트모어다. 그는 나중에 영국 최고의 정밀 기계 제조업자가 되었다.

배비지는 기계에 대해서 좀 더 깊이 파고들어 연구를 했다. 그때 그는 다른 기술자들로부터 배울 수 있는 것이 많다는 것을 깨달았다. 그래서 곧이어 잉글랜드와 스코틀랜드 전역의 장인 및 제조 공장들을 탐방했다. 때로는 아내 조지아나와 동행하기도 했다. 그럴 때 조지아나에게는 휴가 여행이었다. 서머싯 공작의 어린 아들을 동반한 적도 여러 차례 있었다.

배비지는 이러한 일련의 여행을 통해서 영국의 산업 현실에 대해 중요한 지식을 얻었다. 그러한 사업에 관심을 갖고 있던 친구들이 배비지에게 종종 자문을 구했다. 만일 그가 계산 기계에 몰두해 있지 않았고 독립적인 정신의 소유자가 아니었다면, 그는 아마도 뛰어난 자문 기술자가 되었을지도 모른다. 하지만 그는 계산 기계의 개발 이외에 다른 분야에서는 전력을 기울이지 않았다.

그러나 차분 기관을 제작하던 도중에 잠깐 다른 분야에 눈을 돌린 적이 있었다. 1824년 베일리의 영향으로 배비지는 생명보험 회사를 조직하려는 투자자들로부터 초대를 받았다.

새로운 도전은 배비지의 호기심을 자극했다. 그는 생명

보험의 적절한 요금 체계를 결정하는 과제를 기꺼이 떠맡았다. 이것은 연령별 사망률(보험용 통계표)과 투자 자금의 이자율에 대한 연구를 필요로 하는 임무였다. 공교롭게도 이 프로젝트는 몇몇 투자자들이 발을 빼는 바람에 수포로 돌아갔다.

배비지는 이 프로젝트를 위해 수집한 많은 정보를 다른 용도로 사용할 결심을 했다. 1826년, 그는 『다양한 생명 보험 제도들의 비교』라는 제목으로 생명보험 업계에 관한 책을 출간했다. 200쪽이 채 안 되지만 그 당시에 잉글랜드에 있었던 생명보험 회사들에 대해서 장단점을 구분해 볼 수 있는 안목을 소비자들에게 키워 준 유용한 책이었다. 독자들은 보험 회사들을 비교하고 자신들 각자의 필요에 적합한 보험이 어느 것인지에 관해 결정을 내릴 수 있었다.

배비지는 차분 기관을 설계하고 제작하는 과정에서 각 부품들에 관한 정교한 도면이 필요했다. 그는 도면들을 사용하면서 이것들이 기계 장치의 구조를 정확하게 그려내지 못한다고 느꼈다. 다양한 방식으로 움직이는 많은 부품들로 구성된 기계에 있어서, 정적인 도면은 각 부품의 형태와 배열만을 보여 줄 수 있었다. 그래서 배비지는 각 부품들이 작동하는 방식을, 각각의 속도와 상호 연결 관계를 모두 보여 주는 역학적 표기법을 고안해 냈다.

이 표기법은 보통의 도면과 달리 부품들의 형태를 그림

으로 표시하지 않았다. 그것은 기계의 동작을 기술하는 숫자와 선, 기호로 구성되어 있는 표였다. 이는 모든 기계에 관해서 사용할 수 있는 일반적 표기체계였다. 아마 가장 단순한 비유를 들면 음악 표기법을 생각할 수 있을 것이다. 악보를 읽을 줄 아는 바이올린 연주자는 샵, 플랫, 팔분음표를 현에서의 손가락 위치와 활의 움직임 방법으로 번역할 수 있다. 마찬가지로 배비지의 표기법을 이해하는 기술자는 그 기호들을 보고 기계의 작동 방식을 이해할 수 있을 것이다. 배비지는 이 표기법을 1826년에 〈왕립학회 철학회보〉에 게재했다. 하지만 그의 역학적 표기법은 광범위하게 사용되지는 않았다.

로그표를 만들어 발행하다

배비지는 차분 기관의 제작을 계속 지휘하면서 계산에 중요하게 쓰이는 당시의 수학표들을 연구하는 일을 병행했다. 전자계산기의 등장 이전에 큰 수의 곱셈은 로그표를 사용하여 계산했다. 로그는 거듭 제곱의 곱셈은 지수를 더하는 방식으로 이루어진다는 대수학의 개념에 기초한다. 예를 들어, $n^a \times n^b = n^{a+b}$이다. 대부분의 계산에서 n은 10을 나타내며, 곱하고자 하는 숫자를 나타내는 지수표를 만드는 데 공식이 사용된다. 예를 들어, $2 = 10^{0.30103}$, $3 = 10^{0.47712}$, $6 = 10^{0.77815}$이다. 다시 말하면 다음과 같다.

로그 2와 로그 3의 합이 로그 6이라는 것을 명심하자.

수	로그
2	0.30103
3	0.47712
6	0.77815

2×3＝6이므로 log2＋log3＝log6이다. 로그표에서 보면, 큰 수 둘을 곱하려고 할 때 우리는 로그를 더하기만 하면 된다. 이러한 방식으로 우리는 좀 더 간단하고 빠르게 계산을 할 수 있다. 그러나 누가 되었든 로그표를 만드는 것이 먼저이다.

맨 처음 만들어진 로그표는 200년 전에 잉글랜드에서 발행되었다. 배비지는 그 당시까지 발행된 여러 로그표들을 수집하여 비교했다. 로그 값이 다른 곳을 찾아내서 다시 계산을 함으로써 새로운 로그표는 오류 없는 표가 될 수 있게 했다. 배비지는 군 소속의 한 기술자의 도움으로 여러 명의 계산원을 부리면서 작업을 했다. 배비지는 이렇게 완성한 로그표를 1827년에 발행했다. 이 표는 여러 차례 다시 인쇄되어 많은 사람이 사용했는데, 1900년 이후에도 다시 인쇄되었다.

사랑하는 가족의 죽음

1827년 2월, 배비지의 아버지가 73세의 나이로 데번 시에서 사망했다. 아버지는 어머니가 살아가는 데 충분할 만큼의 재산을 남기고 떠났다. 어머니는 런던으로 가서 배비지의 가족과 함께 살았다. 배비지는 10만 파운드 상당의 토지를 상속받았다. 투자에 따른 이자와 토지 임대료만으로도 그는 여생을 안락하게 살 만큼의 수입을 얻었다. 하지만 안락한 삶에 대한 그의 기대는 오래가지 않았다. 같은 해 7월에 아들 찰스 주니어가 소아병에 걸려서 열 살의 나이에 죽었다. 그러고 나서 한 달도 채 못 되어서 아내 조지아나가 위독해졌다. 그해 8월 말에 조지아나와 갓 태어난 아들이 함께 세상을 떠났다.

배비지는 넋을 잃고 말았다.

그의 어머니 베티가 배비지의 남은 세 아들과 딸 하나를 돌볼 수 있었던 것은 그나마 다행이었다. 배비지는 친구인 허셜의 집에 머물면서 마음을 달랬다. 그해 9월 초에 배비지의 어머니는 허셜에게 다음과 같은 편지를 썼다.

"우리 아들이 몸 건강히 있다니 정말 마음이 놓인다네. 우리 아들이 당장에 마음의 평정을 찾을 수 있을 것으로는 기대하지 않네. 아들은 아내와 자식을 너무도 사랑했고 또 그 아이들도 그런 사랑을 받을 만했었지."

배비지는 어느 정도 마음의 평온을 되찾자 곧 유럽 여행을 떠났다. 혼자 여행하길 원했지만 그의 어머니는 누군가 동반하는 사람이 있어야 한다고 고집했다. 배비지는 시종의 수발을 받고 싶었던 것은 아니었지만 자신이 데리고 있던 기술자 가운데 한 사람, 리처드 라이트와 함께 여행을 떠났다. 두 사람은 1827년 말에 도버 해협을 건넜다. 배비지는 여행을 떠나기 전에 거래 은행에 1000파운드를 존 허셜에게 전달해 달라고 했다. 그가 자리를 비운 동안 차분 기관의 개발 작업의 지휘를 허셜에게 맡겼기 때문이었다.

로그 계산

로그 계산은 지수의 수학적 연산에서 비롯된다. 곱셈은 어떤 수를 그 수 자신에게 몇 배수로 더한다는 것을 의미한다. 지수는 어떤 수를 그 수 자신으로 몇 배수만큼 곱한다는 것을 의미한다. 다음의 예를 살펴보자.

10의 0제곱(10^0)은 약속에 의해 1이다.
10의 1제곱(10^1)은 10 그 자신이다.
10^2(10의 제곱)은 10×10 혹은 100이다.
10^3(10의 세제곱)은 $10 \times 10 \times 10$, 혹은 1000이다.

분수 제곱 역시 가능하다. 그래서 $10^{0.5}$(10의 제곱근)은 그 수 자신을 곱했을 때 10이 되는 수이다. $3 \times 3 = 9$이고 $4 \times 4 = 16$이므로 $10^{0.5}$은 그 두 수 사이에서 결정될 것이라고 말할 수 있다. 그 수는 실제로는 3.162이다. 우리는 10을 몇 제곱함으로써 원하는 어떤 수든 얻을 수 있다. 예컨대 배비지가 태어난 해인 1791년은 $10^{3.2531}$이다.

일반적으로 10에 어떤 수만큼의 거듭제곱을 하여 원하는 숫자를 산출할 수 있다. 그리하여 $10^{3.2531} = 1791$로 배비지의 출생연도를 알아낼 수 있다. 이제 어떤 수의 로그 값을 취하는 것은 문제를 다른 방식으로 푸는 것임을 알 수 있을 것이다.

"어떤 결과를 얻기 위해서 10에 몇 거듭제곱을 할까?"

1791이라는 수의 경우에, 그 답은 3.2531이다. 이것은 다음과 같이 쓸 수 있다.

$\log(1791) = 3.2531$

이것만으로는 아직 그리 쓸모가 있지는 않지만, 몇 가지 사실만 더하면 쓸모 있게 된다. 어떤 두 수를 A와 B라고 부르기로 하자. 그러면

$\log(A+B) = \log(A) + \log(B)$

$\log(A \div B) = \log(A) - \log(B)$

$\log(AB) = \log(A) \times B$

다시 말해, 원래의 수가 아니라 로그를 이용해 계산하면 곱셈을 덧셈으로, 나눗셈을 뺄셈으로, 거듭제곱은 곱셈으로 대체할 수 있다. 각각의 경우에 있어서 로그 계산이 원래 숫자의 계산보다 훨씬 더 쉽다.

배비지 부부가 낳은 아이들의 수(8)에 그가 결혼할 때의 나이(22.5)를 거듭제곱 한다고 가정해 보자. 그것은 $8^{22.5}$이다. 인내심이 대단한 사람이라면 8을 22.5번 곱할 수도 있긴 하지만 시간이 꽤 오래 걸릴 것이다. 그렇지 않고 로그를 사용하면 다음과 같이 계산할 수 있다.

$\log(8) = 0.90309$

$0.90308 \times 22.5 = 20.319525$

이제 우리가 계산한 답의 로그 값은 20.319525이다. 이 답을 알고 싶으면 로그표를 뒤져서 20.319525의 역로그 값, 즉 $10^{20.319525}$에 상응하는 수를 찾으면 된다. 그 답은 208,701,000,000,000,000,000에 근사한다.

차분 기관을 발명하다 3

차분 기관 1호의 설계도. 이 기계는 높이 2.4미터, 너비 2.1미터, 폭 0.9미터 정도의 크기이다.

배 비지와 허셜은 1819년 파리를 방문해 한 가지 위대한 수학적 연구 업적을 조사했다. 1790년대 가스파르 드 프로니 남작은 총 17권의 로그표 및 삼각함수표 책의 제작을 지휘했다. 비록 그 책들이 출간되지는 못했지만 수학표를 연구하던 많은 연구자들은 그 책의 필사본을 자주 참조했다. 당시에는 일반적인 계산법들로는 해낼 수 없는 일들이 꽤 많았다.

프로니 남작의 수학표

배비지와 허셜은 프로니 남작이 아담 스미스의 『국부론』을 읽고 나서 우연히 독특한 계산법을 고안해 냈다는 말을 듣고 놀랐다. 산업 경제의 원리에 관해 쓰인 초창기 책인 『국부론』은 스미스가 스코틀랜드의 글래스고우 대학교 교수였음에도 불구하고 1776년 런던에서 출간되었다. 남작이 그 책에서 가장 인상 깊었던 부분은 노동 분업에 대해 설명한 부분이었다. 노동 분업이란 제조 공정이 작은 단계들로 나누어지고 각 단계가 전문화된 노동자들에 의해서 반복적으로 수행되는 것을 말한다.

프로니는 수학표를 제작하는 데 노동 분업을 응용했다. 첫 번째로 적은 수의 전문 수학자들이 계산에 가장 적합한 공식을 결정했다. 두 번째로 대수학을 아는 약 8명의 계산원이 그 공식을 이용해 일정한 시간 간격을 두고 수학표에 필요한 값을 상세히 계산했다. 세 번째 그룹은 단지 덧셈

스미스(1723~1790)
영국의 경제학자 · 철학자. 고전파 경제학의 창시자로, 자유 경쟁이 사회 진보의 요건임을 주장하면서 산업 혁명의 이론적 기초를 다졌다.

로그표
수의 로그 값을 정리하여 만든 표.

삼각 함수
각의 크기를 삼각비로 나타내는 함수. 사인 함수, 코사인 함수, 탄젠트 함수, 코탄젠트 함수, 시컨트 함수, 코시컨트 함수의 여섯 가지가 있다. 삼각 함수표는 각도나 라디안의 크기 차례에 따라 삼각 함수의 값을 적어 놓은 표이다.

과 뺄셈만을 이용하여 차분 방법으로 나머지 모든 값을 두 번째 그룹이 지시한 대로 계산했다. 배비지는 1822년 데이비에게 보낸 공개 서한에서 이 세 번째 그룹의 작업에 대해 다음과 같이 말했다.

가장 힘든 부분을 담당한 세 번째 그룹은 60에서 80명 정도로 구성되어 있습니다. 이들 가운데 산술의 가장 기초적인 지식 이상을 갖고 있는 사람은 거의 없습니다. 이들은 두 번째 그룹으로부터 숫자와 차분들을 건네받았고, 규정된 순서에 따라 덧셈과 뺄셈 작업을 해서 위에서 언급한 수학표 전체를 완성했습니다.

한 가지 간단한 예로 이 기법을 증명할 수 있다. 만약 천 혹은 그 이상의 수까지 정수의 제곱계산표를 만든다고 가정해 보자. 우리는 그 작업이 지겨울 것이라 생각한다. 그래서 어린 학생들에게 그 일을 시킨다. 그들이 알고 있는 유일한 산수는 덧셈뿐이지만 덧셈에 매우 능숙하다. 우리는 그들에게 어떤 수와 다른 수를 더하라고 말한다. 그리고 나온 결과에 또 다른 수를 더하게 하여 이를 계속 반복한다.

앤과 밥은 둘 다 숫자 1에서 시작한다. 앤이 계산을 하여 밥에게 계산 결과를 전한다. 그 후 앤은 계속 2를 더해 간다. 밥은 자기 차례에 앤이 매번 그에게 준 숫자 내에서 덧셈을 계속한다. 이 과정은 다음 쪽의 표에 나타나 있다.

단계	앤의 과제	앤의 결과	밥의 과제	밥의 결과
1	1	1	1	1
2	1 + 2	3	1 + 3	4
3	3 + 2	5	4 + 5	9
4	5 + 2	7	9 + 7	16
5	7 + 2	9	16 + 9	25
6	9 + 2	11	25 + 11	36
7	11 + 2	13	36 + 13	49
8	13 + 2	15	49 + 15	64
9	15 + 2	17	64 + 17	81
10	17 + 2	19	81 + 19	100
11	19 + 2	21	100 + 21	121
12	21 + 2	23	121 + 23	144
13	23 + 2	25	144 + 25	169
기타 등등	기타 등등	기타 등등	기타 등등	기타 등등

마지막 열에 있는 숫자들은 첫 번째 열에 있는 숫자들의 제곱수들이다. 밥과 앤이 필요로 했던 것은 단지 아주 단순한 덧셈일 뿐이었다.

대수식과 다른 함수들을 위한 공식은 이것보다는 좀 더 복잡하다. 특히 앤과 밥 같은 두 사람의 계산자가 차례차례로 하는 대신 더 많은 사람들이 필요하다. 프로니에 따르면 여덟 대의 계산기가 필요한 일이었다.

차분 기관 발명을 위한 첫걸음

차분 기관
1823년에 영국의 수학자 배비지가 만든 기계. 덧셈만으로 여러 가지의 수표를 자동적으로 계산할 수 있도록 설계했다.

1821년, 배비지는 세 번째 그룹의 작업을 기계로 할 수 있을 것이란 아이디어를 내었다. 그러기 위해서는 일정한 차이 값들을 특정한 시작 값에 더할 수 있는 규칙을 발견해야 했다. 배비지가 그의 기계를 차분 기관이라고 부르는 것은 이런 이유에서이다.

배비지는 비록 이 기계를 상세하게 설계하지는 못했지만 이론적으로 가능하다고 생각했다. 그는 기본적인 구조를 생각해 냈고 작동을 실험하기 시작했다. 그의 초기 설계와 작업 모델은 전적으로 수동 작동 구조였다. 그러나 증기 기관에 의해 조종되는 계산기라는 생각에 매우 고무되어 그의 발명품을 차분 기관이라고 불렀던 것이다. 설계를 완전히 발전시키고 구성하는 것이 배비지의 다음 10년간의 주요 관심사였다.

배비지는 대략 2세기 동안 유능하고 천재적인 사람들이 계산기를 만드는 일에 종사했고 몇몇은 얼마간 성공했다는 것을 알고 있었다. 그래서 기계를 이용한 수식 계산이라는 생각은 그리 독창적인 것이 아니었다. 그러나 이 수동식 기계는 배비지가 계획했던 작업을 위해서는 너무 느렸다. 1800년대 후반에 이르기까지 어떠한 덧셈 기계도 상업적으로 성공을 거두지 못했다. 차분 기관이 결코 성공적으로 완성되지 않았기 때문에, 특히 배비지는 설계와 복합 기계류를 만드는 어떠한 사전 경험도 없었기 때문에 무능한 몽상가에 불과하다고 결론 내릴지 모른다. 또한 그가 비현실적인 꿈에 무수히 많은 돈과 시간을 낭비한 바보라고 결론 내릴지도 모른다.

그러나 이는 올바른 시각이 아니다. 배비지는 자신의 작업에서 재정적인 수입을 바라지 않을 만큼 부자였다. 그리고 그 기계를 성공적으로 만들 수 있을지 알지 못했다. 그가 과학과 영국의 진보에 기여하기를 원하긴 했지만 그의 주요한 동기는 내적인 것이었다. 그는 발명의 지적인 활동 그 자체에 만족감을 느꼈다. 톱니바퀴와 제어장치, 그리고 구동장치 없이 계산기를 직접 발명할 수는 없었다. 기계로 작동하는 계산 도구를 만들어 내는 데 있어서 높은 질과 싼 가격으로 생산할 수 있었는가 아닌가는 중요하지 않다.

배비지는 추상적인 설계를 시작했다. 그러니까 놋쇠와 철로 만든 것이 아니라 아직 그의 마음과 종이 위에 그려진 기계를 창조했다. 작동 원리에 관심을 갖고 관찰함으로써 그것에 대해 잘 알게 되었고, 자신을 그 시대에서 자신에게 가장 훌륭한 공학적 조언자로 만들었다. 실제 공학에 있어서의 초기 경험 부족은 오히려 그에게 유리한 점이기도 했다. 추상적인 기계 설계에 있어서 탁월한 천재성을 가지고 있었기 때문에 그의 계산기는 1900년 전에 발명된 가장 복잡한 기계였던 것이다. 능수능란한 추상 설계의 능력 덕분에 아마도 기술과 공학의 역사에서 다른 어떤 인물보다 더 근본적이고 결과론적으로 생각들의 의미를 이해할 수 있었다.

계산기 세계로의 우연한 참여는 이론적인 수학 그리고 그와 관련된 그의 초기 작업의 출발점과는 같지 않았다. 그는 참신한 과학적 문제들을 제기했지만 이에 따른 과학자로서의 위치와 재정적 기대에 대해 무관심했다. 아무도 그를 다음 세기의 컴퓨터 천재라고 말하지 않았으며 그조차 그러한 일이 일어나리라고 깨닫지 못했다. 그러나 오늘

수열에서의 차분수들

배비지의 차분 기관을 작동시키기 위해서는 작동자가 그 기계에 입력될 최초의 차분수를 지정해야 한다. 자동계산을 위해서 첫 바퀴에 적용되는 차분수는 상수여야 한다. 다음의 표들에서 볼 수 있는 것처럼 정수들의 제곱으로 이루어진 수열에서 두 번째 차분수는 모두 2이다. 세제곱 수열에서 세 번째 차분수(6)는 불변이다. 마지막으로 상수 다음에 오는 다음 차분수가 0이라는 점에 유의하자.

◦ 제곱수열

수열	첫 번째 차분수	두 번째 차분수	세 번째 차분수
1			
4	3		
9	5	2	
16	7	2	
25	7	2	0
36	11	2	0
49	13	2	0

◦ 세제곱수열

수열	첫 번째 차분수	두 번째 차분수	세 번째 차분수	네 번째 차분수
1				
8	7			
27	19	12		
64	37	18	6	
125	61	24	6	0
216	91	30	6	0
343	127	36	6	0

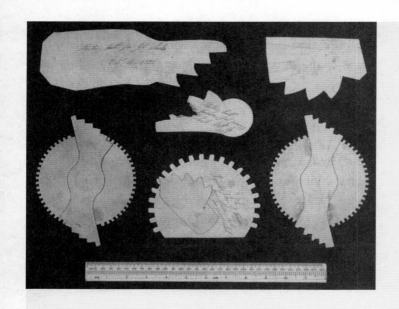

배비지는 기계 설계도를 개발할 때 다양한 종류의 부품
모양을 마분지에 그리고 오려서 모형을 만들었다. 배비
지의 공책에는 이것에 관한 다수의 주석들이 기록되어
있으며 그 기록은 설계 과정에서 엔지니어 클레멘트의
기여를 추정할 수 있는 단서를 제공한다.

날 우리가 아는 바와 같이 그는 자동 컴퓨터에 대한 전망으로 창조적인 나머지 생애를 보냈다.

차분 기관의 계산 기능 설계

배비지는 과감히 대수식 계산과 같은 작업을 자동으로 할 수 있다고 생각했다. 대담하게도 실제로 어떠한 수학 함수식, 다시 말해 대수식뿐만 아니라 사인, 탄젠트, 제곱근과 목성의 달의 위치를 결정하기 위한 식이나 공해상을 안전하게 항해하기 위한 수식을 계산하는 기계도 설계할 수 있다고 여기고 있었다. 이러한 것들은 차분의 방법을 따라 작동하는 기계를 설계함으로써 가능하게 될 것이라고 쉽게 단정했다.

차분 기관의 계산 기능 부분의 기본적 설계는 그 개념과 차이가 나지 않는다. 여러 개의 세로 열이 기계의 앞면을 가로질러 정렬되었고, 각각은 0부터 9까지 번호가 매겨지고 10부분으로 나누어진 여러 개의 수평으로 도는 바퀴를 가지고 있었다. 각각의 열은 상부에 최대유효숫자와 함께 하나의 완전수와 하부의 최하위숫자로 이루어진다. 가장 오른쪽의 열(혹은 축)은 표의 숫자를 포함하고 있으며, 그 다음 열은 첫 번째 차분 숫자를 포함하고 있다. 그리고 왼쪽으로 가면서 차분 숫자의 다른 차수들을 가진다. 부가적인 작동 구조로는 주어진 바퀴 위의 숫자가 그것의 오른쪽 축에 대응하는 바퀴에 추가되고 각각의 바퀴가 9에서부터

대수식
거듭제곱근의 덧셈·뺄셈·곱셈·나눗셈으로 이루어진 식.

사인
직각 삼각형의 한 예각의 대변과 빗변과의 비를 그 각에 대하여 이르는 말.

탄젠트
직각 삼각형의 예각의 대변과 그 각을 낀 밑변의 비를 그 각에 대하여 이르는 말.

제곱근
어떤 수 a를 두 번 곱하여 x가 되었을 때에, a를 x에 대하여 이르는 말. 하나의 수에 대하여 그 제곱근은 양수와 음수 두 개가 있으나 보통 양수를 택한다.

0으로(또는 다른 방향으로) 지나갈 때, 올림수들이 주어진 열을 아래위로 전달되게 하는 것이다. 따라서 기본적인 성능은 개별적인 숫자들을 더하는(또는 빼는) 것이다. 이 기계는 위쪽에 놓인 손잡이를 따라 앞뒤로 움직인다. 이 손잡이는 내부 톱니바퀴에 연결되어 있다. 우리는 어떤 단순한 계산의 예를 참조함으로써 어떻게 이 기계가 좀 더 복잡한 기능을 수행하는지 이해할 수 있다. 이 단순한 경우에서 우리는 세 개의 축들(제곱표와 첫 번째 차분 그리고 두 번째 차분)로 된 차분 기관으로 제곱표를 계산하려고 한다. 그리고 각각의 축은 단지 세 개의 바퀴로 되어 있다. 우리는 여기서 변함수의 값들을 구할 것이다. 변수는 0, 1, 2, 3 등의 값이 들어갈 수 있다. 그리고 그것은 문자 x로 표현된다. 우리가 취한 보다 단순한 함수식은 아래와 같이 수학적으로 표현된다.

$$f(x) = x^2$$

1단계

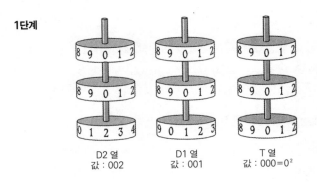

| D2 열 | D1 열 | T 열 |
| 값 : 002 | 값 : 001 | 값 : 000=0^2 |

최초 구성은 1단계에서 보는 바와 같아야 한다. 여기서

값 2는 D2 축의 가장 낮은 바퀴에 놓이며(이 위치는 바뀌지
않는다), 값 1은(최초의 첫 번째 차분) D1의 가장 낮은 바퀴
에, 그리고 값 0은(이것은 제로 제곱이다) T축에 놓인다. 여
기서 x = 0이고 f(x) = 0이다.

2단계

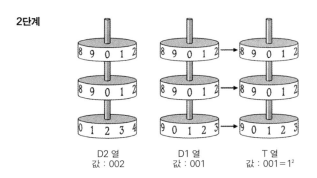

| D2 열 | D1 열 | T 열 |
| 값 : 002 | 값 : 001 | 값 : 001 = 1^2 |

2단계. 이제 우리는 조종 손잡이를 앞뒤로 움직이면서 계
산할 준비가 다 되었다. 2단계로 가면서 D1에 속한 각각의
숫자 바퀴는 T에 대응하는 바퀴에 더해진다. 이 경우 우리
는 두 번째 단계로 가면서 가장 낮은 바퀴에 1을 더한다. 좀
더 복잡한 경우에 우리는 T에 속한 바퀴 중 하나가 9부터 0
까지 움직일 때, 그 축 위쪽으로 숫자들을 옮겨야 한다.

3단계. 이제 우리는 새로운 표의 값을 가지게 되고 3단
계에서 보는 바와 같이 D1에 있는 값들에 D2에 있는 값들
을 더함으로써 D1의 값들을 갱신하는 것이다.

3단계

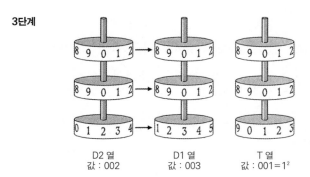

D2 열
값 : 002

D1 열
값 : 003

T 열
값 : 001=1²

표의 값들은 이 단계에서 변하지 않는다. 우리는 이때 4
단계로 가면서 축에 제곱 값이 있는 T축의 바퀴들에 D1
바퀴를 더한다.

4단계

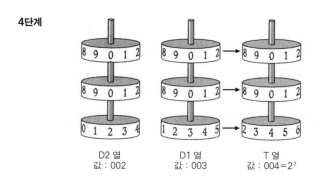

D2 열
값 : 002

D1 열
값 : 003

T 열
값 : 004=2²

50단계. 각각의 새로운 제곱 값(그리고 각각의 새로운 x
값)을 내기 위한 두 가지 단계를 거쳐 우리는 곧 50번째 단
계에 이르게 된다. 그것은 x=25이고 f(x)=625가 되는
결과를 나타내는 열이 된다. 이는 결과를 도출하는 바퀴를
모두 이끌어낼 때까지 계속할 수 있다. 기본적인 작동방식
이 덧셈과 뺄셈이기 때문에 기계적 방식의 덧셈 기계에 비

D2 열
값 : 002

D1 열
값 : 049

T 열
값 : 625=25²

해 그리 어렵지 않게 조작할 수 있다. 물론 이러한 대략적인 제안들이 올림 차수 문제와 계산 결과 인쇄 그리고 여러 다른 중요한 세부사항들을 무시하고 있기 때문에 좀 더 까다로울 수 있다. 손으로 제곱표를 계산하는 것이 그리 어려운 것은 아닐 수 있다. 이는 기계화하는 데 드는 많은 노력이 가치 없음을 말하는 것은 아니다.

가장 초보적인 계산기의 발전

제곱 계산을 위해 차분 기관은 세 조합의 바퀴를 필요로 한다. 세제곱 계산을 위해서는 네 개의 바퀴가 필요하다. 심지어 어떤 상수 값을 찾기 위해 네 번째나 다섯 번째 차분들을 가지는 열을 계산하는 기계 안에는 더 많은 바퀴 조합을 필요로 할 것이다. 사실 배비지는 그의 기계에 관한 독창성을 최소의 바퀴 조합수를 만들기 위해 사용했다. 그는 이러한 과정의 일부를 1822년에 다음과 같이 묘사했다.

최초의 계획에 의한 산술표를 계산하기 위한 기계, 즉 그것의 두 번째 차분수가 상수이고 각각의 수마다 여섯 자리를 가지며 첫 번째와 두 번째 차분수에 각각 4와 2가 있는 기계는 96개의 바퀴와 24개의 축이 필요했다. 이후 축소된 기계에서는 18개의 바퀴와 3개의 축이면 충분했다. 숫자들이 찍혀 나와야 되는 기계의 한 부분에 있어서는 축소가 효과적이었다. 다시 말해 적은 수가 많은 경우를 산출하는 것이다.

배비지는 몇 주간 곰곰이 아이디어를 찾다가 기계의 계산을 담당하는 부분의 주요한 원리들을 알아냈다. 그래서 어떻게 계산 결과를 인쇄할 것인가에 대해 생각하기 시작했다. 그는 자동 인쇄 방식이 복사 결과에서 또는 활자화되면서 발생하는 오류들을 줄일 수 있다고 확신했다.

1822년 5월에 배비지는 그간 작업한 계산기 부분들의 모델을 조립했다. 거기에는 두 가지 차분 계수가 포함되었지만 인쇄기는 없었다. 그는 함수 X^2+X+41에서 도출되는 첫 번째 30개의 값을 성공적으로 계산했다. 이 함수는 많은 소수를 만들어 내기 때문에 그가 즐겨서 예로 드는 것이다. 그 기계는 분당 평균 33개 정도로 옳은 결과를 산출했다.

데이비에게 보내는 편지에서 다음과 같이 묘사한다.

이 기계가 계산하는 속도를 판단하기 위해 기계를 본 몇몇 과학자들이 몇 가지 시도를 했습니다. 복잡한 산술표가 기계의 반대편에 놓여 있는 것이 눈에 들어왔지요. 그리고 한 친구가 숫자를 쓰기 시작했습니다. 그것은 주어진 공식에 따라 산술표를 계속 작성하는 것이었습니다. 잠시 들어 보세요. 보다 작은 숫자들에서는 직접 쓰는 것이 기계의 속도보다 빨랐습니다. 그러나 네 자리 숫자가 들어가자 기계는 최소한 쓰는 것과 속도가 비슷해졌습니다.

이것이 1822년 중반, 배비지가 그의 기계를 공식적으로 알렸을 때 도달했던 발전 수준이었다.

초기의 기계식 계산기

우리가 알고 있는 첫 번째 기계식 계산기는 빌헬름 쉬카르트가 만든 것이다. 그는 튀빙겐의 게르만 도시에서 히브리어, 동양언어, 수학, 천문학, 그리고 지리학 교수로 있었다. 또한 프로테스탄트 목사이기도 했다(결코 속 좁은 전문가는 아니었다). 위대한 독일 천문학자인 요하네스 케플러의 동료이기도 했으며, 1617년 이전에 이미 대수학에 대해 케플러와 논쟁했다. 쉬카르트는 계산기에 대해 계속 연구했고, 1623년 9월에 케플러에게 다음과 같이 썼다.

나는 한 개의 완전한 톱니바퀴와 여섯 개의 부분 톱니바퀴로 이루어진 계산할 수 있는 기계를 만들었네. 만약 하나의 축에서 다음 열 개의 축까지, 또는 뺄셈을 하는 동안 어떻게 이 기계가 자동으로 움직이는지를 자네가 본다면 웃음을 터트릴 걸세.

케플러는 그것에 관심을 가졌다. 왜냐하면 쉬카르트는 그 다음 봄까지 케플러에게 보내기 위해 두 번째 계산기를 만들었기 때문이다. 불행히도 이 계산기는 제작되었던 집이 화재가 났을 때 파괴되었다. 쉬카르트의 계산기는 오랫동안 잊혀졌고 그에 대한 자세한 내용도 묻히는 듯했다. 그런데 최근에 페테르부르크에 있는 러시아 과학 아카데미의 문서고에서 옛 책들을 연구하던 몇몇 학자들이 케플러의 책를 발견했는데 그 책에는 책갈피로 쓰이던 종이한 조각이 함께 있었다. 이 종이 한 조각이 쉬카르트 계산기 설계의 원본을 포함하고 있다는 사실이 밝혀졌다.

이 기계는 다소 한계가 있었다. 단지 6자릿수까지만 덧셈과 뺄셈이 허용되었다. 자릿수들은 적당한 한 주기 동안 내부 바퀴를 회전하는 철침을 사용하여 한 번에 입력되었다. 덧셈을 할 때 간단한 작동 기계가 자동으로 자릿수들을 왼쪽으로 옮기거나, 뺄셈을 하는 동안 왼쪽에서 오른쪽으로 자릿수를 빌려왔다. 기계 위쪽의 좀 더 넓은 부분에는 어떤 특정한 수를 위해 곱셈표가 있었으며, 일부 계산 결과는 아랫부분에 손으로 쓸 수 있게 했다.

자릿수 올림 작동에서는 6자릿수 이상의 계산을 넘기가 어려웠다. 따라서 이 기계는 어떤 경우의 계산에는 크게 유용하지 못했다. 그러나 기계식 계산의 개념을 증명하는 데 있어서는 매우 훌륭했다.

널리 알려진 첫 번째 기계식 계산기는 프랑스의 자연 철학자인 블레즈 파스칼에 의해 제작되었는데, 그때 그의 나이 19세였다. 파스칼이 쉬카르트에 대해 전혀 알지 못했을 것이라 하더라도 그의 기계의 기본적 작동 원리는 여러 자리 숫자들의 덧셈과 뺄셈이 철침이 있는 바퀴를 회전시킴으로써 가능하다는 면에서 쉬카르트의 것과 매우 흡사했다.

파스칼은 좀 더 복잡한 자릿수 작동 원리를 시도했는데, 그것은 쉬카르트의 것보다 더 많은 자릿수 계산을 가능하

1642년 파스칼이 19세의 나이에 고안한 기계식 계산기. 파스칼은 일생 동안 50가지의 기계를 만들었는데, 아이디어는 모두 젊은 시절에 생각해 낸 것이었다. 물론 그의 계산기들이 모두 전적으로 믿을 만한 것이었는지는 의문이다.

게 했다. 그러나 그의 설계는 뒤로 도는 바퀴를 가지고 있지는 않았고, 따라서 파스칼의 기계는 쉬카르트의 것에 비해 뺄셈을 하는 데 있어서 좀 더 힘들었다. 또한 파스칼은 곱셈에 대해서는 전혀 언급하지 않았다.

파스칼은 그의 기계를 팔아서 이윤이 남는 사업을 하고자 하는 희망을 다소 가졌다. 그래서 제작 도구들과 재료를 가지고 이러저러한 실험을 했다. 그의 일생 동안 여러 개의 계산기를 만들었다. 그러나 그 기계들은 사용하기에 그리 편리하지 않았고 빠르게 계산되는 것도 아니었다. 비록 시도가 상업적인 성공을 거두지는 못했을지라도 기계식 계산기에 대한 생각이 폭넓은 관심을 끌게 되었고 파스칼의 시도는 자주 본보기가 되었다.

파스칼의 시도를 이은 가장 흥미로운 계승자는 뛰어난 독일 철학자인 라이프니츠였다. 우리는 그가 파스칼의 기계에 대해 듣고 난 후 계산기에 대해 관심을 보였다고 알고 있지만 그 기계의 자세한 부분까지 알고 있었는지 아닌지는 확실하지 않다. 그가 마지막으로 설계한 기계(1674년 파리의 한 시계공에 의해 만들어졌다)는 어떤 면에서 완전히 다른 것으로 보다 더 쓸모 있었다. 단순한 덧셈 이상을 해냈을뿐더러 거의 완전히 자동으로 곱셈 계산을 했다. 이는 스텝 드럼이라고 불리는 장치를 사용한 것이었다. 또한 파스칼의 것보다 제작과 작동 방식에서 훨씬 편했다. 19세기 말에 이르기까지 이 설계 방식을 능가하는 것은 없었다.

실제 기계가 유실되었기 때문에 라이프니츠의 설계가 어떻게 영향을 끼쳤는지에 대해서는 확실치 않다. 1670년대 후반의 어느 날에 그 기계는 괴팅겐 대학교 건물의 다락에 보관되었다고 하는데, 그 장소는 완전히 잊혀졌다(라이프니츠는 확실히 몇몇 이유 때문에 계산기에 대한 관심을 잃었다). 그 계산기는 사람들에게 잊혀진 채로 그곳에 있다가 1879년 지붕 누수를 손보던 한 작업 인부에 의해 우연히 발견되었다.

쉬카르트의 기계와는 달리 라이프니츠 계산기의 존재와 대강의 기능은 출판되어 알려졌다. 몇몇 기계적 원리들은 살아남아 다음 2세기 동안 발전된 대부분의 계산기 설계에 라이프니츠의 스텝 드럼 작동 기능이 사용되었다.

다른 여러 흥미 있는 견본들이 1700년대에 제작되었지만 어떤 것도 라이프니츠 기계의 기능성을 따라잡지는 못했다. 처음으로 상업적인 성공을 거둔 계산기는 에리스모메터였는데, 이것은 본래 1820년에 샤를 토마에 의해 설계된 것이다. 이 기계는 라이프니츠의 것과 매우 유사하다. 1820년대에 조금 팔려나갔을 뿐 이 기계는 매우 천천히 알려졌고 1867년 파리 만국박람회에서 광범위한 흥미를 끌기 전까지 그리 성공적이지 못했다.

상업적으로 성공한 최초의 계산기인 토마의 에리스모메터. 1820년경에 출시되었으며 1차 세계 대전이 발발할 무렵까지 생산되었다.

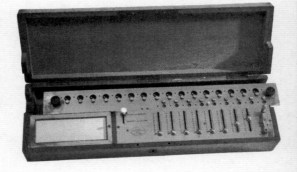

개혁의 분위기 속에서 4

영국의 엔지니어 브루넬의 지휘로 템스 강 밑에
건설된 터널. 이 터널은 런던을 남북으로 연결한
다. 18년의 건설 기간과 30만 파운드의 막대한
비용이 들었다. 배비지는 유럽 대륙으로 여행을
떠나기 직전에 이 터널을 방문했다.

1827년 말, 배비지는 라이트와 영국을 떠나기 직전에 12살 난 그의 큰 아들 허셜을 데리고 기술이 만든 위대한 작품을 보러 갔다. 1825년까지 마크 브루넬은 템스강 아래에 터널을 건설하고 있었다. 이는 아주 거대한 공사였다. 터널은 완성되었을 때, 길이 457미터, 폭 11미터, 그리고 높이가 7미터에 달했다. 기술적인 어려움과 재정적인 부족함 때문에 터널은 30만 파운드의 비용을 들이고도 1843년에 이르기까지 완성되지 못했다. 어떻게 정부가 그만한 여유를 가지고 있는지, 그런데 어째서 그의 차분기관에 대해서는 그토록 인색한지 배비지가 이해 못한 것은 당연했다.

배비지 부자는 21세에 불과함에도 그 공사를 감독하고 있던 마크의 아들, 이삼바드 킹덤 브루넬로부터 터널 안내를 받았다. 10년 뒤 이삼바드는 허셜을 그의 회사인 서부영국철도회사에 고용했다. 한동안 배비지는 대륙에 있는 친구들에게 큰 인상을 주기 위해 이 경험을 이용했다. 그는 터널 프로젝트 설명서의 복사본을 12장 구입했다. 그는 다음과 같이 썼다.

6개는 프랑스어로, 나머지 6개는 독일어로 되어 있다. 나는 복사본 하나를 자주 빌려 주었다. 그러나 내가 두 번 정도를 빌려 주었든 아니든, 내게로 쏟아졌던 많은 관심들이 그것들 때문이었다.

배비지는 여행객들이 환대에 보답할 선물을 가지고 있을 때 더 나은 대접을 받는다는 것을 배웠다.

배비지의 여행길

가족과 헤어진 후 배비지와 친구는 처음에 네덜란드로 갔다. 여행길을 따라 장인과 과학자들을 방문하면서 여유롭게 여행했다. 벨기에를 거쳐 서독을 지나 남쪽으로 방향을 틀었다. 프랑크푸르트에서 뮌헨으로 가는 길에 어떤 젊은이를 차에 태웠는데, 그 젊은이의 아버지는 러시아의 황제가 타는 마차 제조업자였다. 그는 마차를 만드는 최고의 기술을 배우기 위해 정보를 찾아다니고 있었다. 여행하는 동안 배비지는 그로부터 4륜 마차의 모든 부분의 구조에 대해서 배웠다. 아주 자세한 것까지 노트하는 동안 뮌헨에 도착했는데 배비지는 마차를 설계할 수 있을 정도가 되었다. 젊은이도 배비지의 회사를 매우 흥미로워했고 러시아로 돌아가는 길에 함께 가자고 제안했다. 그러나 배비지는 가능한 한 빨리 이탈리아에 도착하고 싶었다.

배비지와 라이트는 알프스 브레너 고개를 넘어 이탈리아로 들어갔고 베니스에 있는 공장들을 며칠 방문했다. 배비지는 그곳의 한 금속 노동자로부터 랭커셔에서 제조된 금속을 다듬는 것이 가장 손쉽다는 것을 배우고는 만족스러워했다. 볼로냐로 가서 그들은 대학에서 여러 기술 전문가들과 토론을 하며 몇 주를 보냈다. 그 후 플로렌스에서 배비지는 토스카니 대공작을 만나 매우 친해졌다. 그는 배비지에게 정부가 이탈리아 과학 발전을 위해 할 수 있는 일이 있는지 물었다. 배비지는 정기적인 과학회의를 열고 과학자들이 서로의 연구 작업에 대해 토의할 수 있도록 하는 게 좋다고 조언했다. 대공작은 배비지의 조언에 감명을 받았지만 실제로 실행하는 데에는 12년이나 걸렸다. 공작이 회의를 주최한 후 배비지를 초대하기도 했다.

루카스 석좌 교수로 선출되다

다음으로 배비지와 라이트는 로마로 갔다. 1828년 로마의 어느 봄날에 배비지는 아래와 같은 지역 신문의 기사를 보고 깜짝 놀랐다.

'영국, 케임브리지 발. 어제 루카스 석좌 교수로 배비지 선생이 선출되었음을 알리며 성 마리의 종소리가 울렸다.'

케임브리지 대학교의 이 직책은 연봉이 100파운드 미만이었지만 뉴턴이 처음 맡은 이래 대단히 영예로운 자리였다. 곧 두 명의 영국인 친구들이 그에게 들러 축하 인사를 했다. 배비지는 그들에게 이 직책에 대한 임명을 거부할 답장을 작성했다고 말했다. 그는 직책으로 인해 차분 기관에 집중할 수 없게 된다고 생각했다. 하지만 방문객들은 케임브리지 대학교에서 그를 임명한 교수들은 물론이고 임명에 영향을 준 친구들까지 그의 거부로 인해 곤란한 지경에 처할 것이라고 말했다. 이 말에는 어떤 대꾸도 하지 못했다. 배비지는 10년 동안 그 직책을 수행했지만 케임브리지에는 살지 않았고, 가끔 강의만 했다.

나폴리 여행

배비지는 아시아로 여행을 가려고 했다. 그러나 남유럽과 아시아 사이에서 발생한 오토만 제국의 그리스 독립 전쟁이 여행에 장애물이 되었다. 배비지는 아시아로 가는 대신에 나폴리로 갔다. 거기서 지질학 연구에 관심을 가지면서 과학에 대한 다재다능함을 보여 주었다. 그는 베수비어스 화산 꼭대기까지 안내해 줄 안내자를 찾았다. 당시 그 화산은 활동 중이었다. 그는 팀원들 중 한 사람을 설득해서 가장자리에서부터 183미터 아래에 있는 분화구의 밑바닥까지 갔다. 탐사 기구들을 이용해 분화구 바닥의 갈라진 곳을 따라 온도와 기압을 측정했다. 바닥의 한 부분이 서서히 부글거리며 끓어올랐다. 배비지는 용암을 그대로 내려다볼 수 있을 정도로 가까이 내려갔다. 그가 나폴리로 돌아왔을 때에야 비로소 두꺼운 장화가 열기로 인해 망가졌음을 알았다.

나폴리에 있는 동안 그곳 정부는 이스키아 섬 해변에 있는 온천의 효용성에 대한 보고서를 부탁했다. 이는 타국에서 그의 높은 인지도를 보여 주는 사례이다. 그가 느끼기에 고향인 영국에서보다 더 높은 것이었다. 배비지는 온천수가 사람들의 체력에 좋으므로 개발될 만하다고 생

그리스 독립 전쟁
오스만 제국의 지배하에 있던 그리스를 독립시킨 전쟁. 1821년 오스만 제국에 대한 반란이 일어난 뒤, 1827년 러시아·영국의 원조로 나바리노 해전에서 승리함으로써 1830년 런던 회의에서 독립이 승인되었다.

각했다.

이탈리아를 나폴리에서부터 북쪽으로 거슬러 올라갔다. 플로렌스에서 몇 달을 보낸 후, 베니스를 거쳐 비엔나로 갔다. 그곳에서 마차를 구입했다고 나중에 적었다.

내가 설계한 네 바퀴의 마차를 비엔나에서 만들었다. 바로 내가 누워 잘 수 있을 만큼 긴 마차였다. 편리한 기능 중에는 가끔씩 달걀을 삶거나 아침 식사를 준비할 수 있는 램프가 있었다. 그리고 설계도면과 코트를 접지 않고도 넣어 놓을 수 있는 넓고 야트막한 서랍도 있었다. 또한 지폐나 동전을 넣을 수 있는 작은 주머니와 여행용 책과 망원경을 넣을 수 있는 큰 주머니도 있었으며 다른 많은 편리한 기능이 있었다. 만드는 데 약 60파운드 가량이 들었다. 여섯 달 동안 타고 다닌 후에 수리를 위해 단지 5프랑이 들었다. 나는 마차를 헤이그에서 30파운드에 팔았다.

여기에 마차를 끄는 데 필요한 말들을 위한 장치에 대한 언급은 없다. 우리는 뒤에서 말쑥한 차림의 한 신사가 어떤 방식으로 여행을 할 수 있었는지 볼 수 있을 것이다.

훔볼트와의 만남

배비지와 라이트는 독일 영토를 가로질러 베를린에 당도해 있었다. 그곳에서 금세기 유럽의 지도적 과학자인 알

독일의 박물학자인 훔볼트 남작. 그는 자연지리학과 운석학 연구의 토대를 세웠으며, 남아메리카와 중앙아시아 지역을 광범위하게 탐험했다.

렉산더 폰 훔볼트를 만나기를 무척 원했다. 세 개의 대륙을 탐험한 탐험가로서 훔볼트는 지질학과 생물학 분야에서 지칠 줄 모르는 관찰자이자 수집가이기도 했다. 또한 기상학과 지구 자기 연구에도 굉장한 기여를 했다. 게다가 프러시아 왕은 종종 외교적 임무를 그에게 주곤 했다.

배비지가 베를린에 도착했을 때, 훔볼트는 일곱 번째 열리는 연례 독일과학자회의를 계획하고 있었다. 그는 배비지를 위원회에 가입시키고는 과학자 대표들이 식사해야 하는 식당을 알아보았다. 훔볼트는 영국인들은 항상 훌륭한 저녁 식사에 감사한다고 했다. 회의는 1828년 9월 중순에 개최되었으며 중부 유럽을 통틀어 거의 400명의 대표들이 참석했다. 개회식에 특별히 800명의 지역 고위 인사들이 참석했다. 과학자로는 전자기장 발견자인 덴마크의 한스 크리스티안 외르스테드와 수학자이자 물리학자로서 동시대에 가장 앞서 가는 칼 프리드리히 가우스가 포함되었다.

배비지는 유럽 과학의 높은 수준을 보여 주는 이 모든 것들에 크게 감명 받았다. 영국에 돌아와서 그는 과학을 향상시키는 데 이런 경험을 더욱 열성적으로 활용했다. 이는 단지 과학을 위해서만은 아니다. 배비지는 과학이 사회적 조건들을 향상시키는 데에 적용될 수 있다고 굳게 믿었다. 영국과 유럽은 둘 다 여전히 부유한 토지 소유자 계급의 이익을 위해 통치되고 있었다. 그들의 관점은 그가 고향에 올 당시의 자유주의적 태도와 잘 맞아 떨어졌다.

외르스테드(1777~1851) 덴마크의 물리학자. 전류의 자기 작용을 발견하여 전자기학을 선도했다.

가우스(1777~1855) 독일의 수학자 · 물리학자 · 천문학자. 대수학의 기본 정리를 증명하여 정수론의 완전한 체계를 이루었다. 천문학, 측지학, 전자기학에도 업적을 남겼다.

영국 의회와 과학계에서의 정치 활동

1828년 말, 런던에 돌아온 배비지는 놀랄 만큼 많은 활동을 했다. 우선 케임브리지 대학교에서 루카스 석좌 교수직을 수행했다. 1829년부터 1834년까지는 선거 정치에 관여했다. 후보자들을 추천했으며 심지어 그 자신이 출마하기도 했다. 또한 왕립학회를 개혁하기 위한 캠페인을 시작했다. 비록 실패했지만 새로운 과학자 조직의 구성을 촉구하는 견인차가 되었다. 게다가 그는 가족들의 재정을 돌보고, 차분 기관 연구를 계속했으며, 제조업 경제에 대해서 400쪽의 책을 써내기도 했다. 그럼 이 일들을 차례대로 살펴보도록 하자.

배비지가 케임브리지 루카스 석좌 교수로서 맡은 임무는 거의 없었다. 가끔 특별 수학 시험의 감독관으로 위촉받았을 뿐이었다. 그는 어떤 강의도 하지 않았고, 학생들도 없었다. 그렇더라도 계산기를 설계하는 데 너무 많은 시간이 필요했기 때문에 1839년에 사임했다. 하지만 그는 항상 그 직위를 영광스러워했으며, 그것을 "내가 내 나라에서 받은 유일한 영예"라고 불렀다.

그 즈음, 영국 의회는 토지 소유 신사와 귀족의 손아귀에 있었다. 공작과 주교들이 상원을 구성했다. 비록 선거를 통해 상원이 구성되었다 하더라도, 그들 중 대다수는 공작과 주교들에 의해 움직여지고 있었다. 50년 동안 산업혁명으로 증기 기관을 만들었고 많은 농부들이 버밍햄이나 맨체스터 같은 공장 도시로 이주했다. 1830년까지 이러한 도시들은 큰 도시로 성장했지만 의회에 어떤 대표자도 가지지 못했다. 더 오래된 농촌들 중 몇몇은 거의 존재하지 않는 듯 했다. 그런데도 이들 농촌에서는 계속 의회에 의원들을 진출시켰으며 이들은 '부패 선거구'라고 불리게 되었다.

새로운 산업 계층들, 즉 공장 소유주와 투자가들은 의원 선출권을 가지기를 매우 원했다. 또한 토지 소유자들의 필요보다 그들의 경제적 요구에 부합하는 법률을 원했다. 이를 테면 1820년대에 한 법률은 곡물 가격을 높게 유지하기 위해 수입 곡물에 높은 관세를 매겨서 지역 생산자의 가격과 경쟁할 수 없게 했다. 그래서 1829년과 1831년의 선거에서 배비지는 케임브리지 대학교를 대표하여 개혁적 의원을 선출하기 위한 선거 위원회의 의장이 되었다. 배비지는 열정적으로 일했고 영향력이 있었다. 결국 그의 후보자가 첫 번째 선거에서 승리했다.

새 의회에 개혁안이 도입되었고 143개의 의원석이 부패 선거구로부터 영국 중부의 새로운 중심지에 재배정되었다. 이러한 조치는 보수적인 의원들 사이에 강한 반발을 불러 일으켰고, 곧 상원은 해산되었다. 그리고 1831년 새 선거가 시작되었다. 이 선거 기간 동안 배비지는 케임브리지 후보자(이 사람은 선거에 졌다)를 위해 일했을 뿐 아니라 그의 처남인 월치 휘트모어를 위해서 일했다. 휘트모어는 선거에 이겼다. 슈롭셔에 있는 동안 배비지는 그 지역에

산업 혁명

18세기 후반부터 약100년 동안 유럽에서 일어난 생산 기술과 그에 따른 사회 조직의 큰 변화. 영국에서 일어난 방적 기계의 개량이 발단이 되어 1760~1840년에 유럽 여러 나라에서 계속 일어났다. 수공업적 작업장이 기계 설비에 의한 큰 공장으로 전환되었는데, 이로 인하여 자본주의 경제가 확립되었다.

있는 다른 자유주의적인 선거인들을 지원했다. 그들이 비록 졌다 하더라도 자유주의자들은 새로운 하원에서 다수석을 획득했다. 그러나 개혁안은 하원을 통과했지만 상원에 의해 거부되었다. 이 결과에 저항하는 폭동이 대도시에서 일어났다. 겁을 먹은 윌리엄 4세는 상원이 마음을 고쳐 먹도록 설득했다. 아직 영국이 보통 선거권을 가지려면 멀었지만 개혁안은 대체로 선거권을 확대했다. 가난한 노동자들은 아직 선거를 할 수 없었고 여자들도 1900년에야 선거를 할 수 있게 될 것이다.

개혁안의 통과는 하원에서 의석 재분배에 기초한 새 선거로 이어졌다. 배비지의 친구들은 그가 의원이 되기를 원했고 그는 북부 런던에 있는 핀스베리의 유권자들을 대표하는 데에 동의했다. 〈기계학 잡지〉는 배비지의 선거 출마를 강력히 지지하는 기사를 내보냈다.

배비지 선생이 과학계에서의 탁월함을 의회에서도 펼치게 됨으로써 우리는 뛰어난 과학자로서뿐만 아니라 국가의 모든 여타 중요한 사안들에도 유능한 사람을 기대하게 되었다. 그는 독립적인 정신과 탐구적이며 실제적인 성격을 추구한다. 그러므로 우리는 이 잡지를 읽는 독자인 핀스베리의 모든 유권자들과 친구들에게 특별한 전망을 말하고자 한다.
가서 배비지 선생에게 투표하라!
만약 당신이 특허권에 대한 불법적이고 강압적인 세금을 공정한 경쟁의 장에서 몰아내기를 원하는 발명가라면 가서 배비지 선생에게 투표하라.

만약 당신이 회계법 때문에 공장 가동을 방해 받고 몹시 시달리고 있는 제조업자라면 가서 배비지 선생에게 투표하라.

만약 당신이 자신의 기술로 만들어 낸 생산품으로 꾸준하고 안정적인 봉급을 받고 나날의 빵을 해결하는 기계 정비사라면, 그리고 당신의 운이 자유로운 무역에 기대어야 살아남을 수 있다면 가서 배비지 선생에게 투표하라.

배비지는 2311표 중 537표를 얻어 선거에 패했고, 2년 뒤 보궐선거에서도 다시 패했다. 이로써 선거 정치에서 그의 경력을 마감했다.

그는 과학계에서의 정치로 인해서도 충분히 바빴다. 배비지는 왕립학회를 개혁하기 위해 열심이었다. 1829년에 그가 참석했던 베를린에서의 과학회의에 대한 보고서를 출간했다. 1년 뒤 『영국에서의 과학 동향과 그 몇몇 원인들에 대한 반성』이라는 책에서 직접적으로 왕립학회를 비판했다. 그가 가진 주요 불만 중 하나는 왕립학회의 구성원 성격에 관한 것이었다. 왕립학회가 처음 창설된 1662년에는 과학 훈련을 받지 않은 많은 사람들도 받아 들였다. 그러나 여성은 1920년에야 허용된다. 1830년에는 비과학자들이 왕립학회 회원 660명 중 450명이었다. 과학적 훈련을 받은 210명 중 절반이 의사였고 많은 사람들이 어떤 연구도 하지 않았다. 배비지는 진짜 과학자들이 사교적인 아마추어들의 바다에 익사해 버렸다고 느낀 것이다.

영국의 박물학자인 뱅크스 경. 그는 식물학자로서 제임스 쿠크 선장과 함께 전세계를 탐험했다. 1778년부터 1820년까지 왕립학회의 회장을 역임했다.

더 나쁜 것은 이들 비과학자들이 왕립학회 업무에 너무 많은 영향력을 행사한다는 것이었다. 뱅크스와 데이비 의장은 비록 그들 자신이 과학자였지만 개인적인 전망으로 조직을 장악하기 위해 그 영향력을 이용했다. 그들은 집행회의의 구성원들을 지명했으며 이익을 친구들과 나눴다. 이런 이유로 과학적 활력이 영국에서 촉진되기 힘들었다. 데이비는 1829년에 죽었다. 그를 대신하기 위한 선거에서 배비지와 친구들은 존 허셜을 밀었다. 그에 반대하여 데이비 쪽에서는 조지 4세와 윌리엄 4세의 젊은 형제인 서식스 공작을 추천했다. 공작은 비과학자들로부터 119표를 얻었고, 허셜은 과학자들로부터 111표를 얻어 아깝게 패했다.

왕립학회에서의 주목할 만한 개혁은 20년이 지나도록 나오지 않을 것이었다. 배비지는 참을 수 없게 되었다. 영국에서 어떤 신뢰도 가질 수 없었기 때문에 영국과 스코틀랜드 전체에 있는 과학자 동료들과 의견을 주고받았다. 그들은 함께, BA로 불리는 영국 과학진흥협회를 결성했다. 그들의 모델은 독일 과학협회였다. 협회의 주요한 사안은 영국 곳곳에서 연례 과학자 회의를 개최하는 것이었다. 첫 번째 회의가 1831년 여름 동안 영국 북부 도시인 요크에서 열렸다. 여기에는 350명의 참가자가 모였다. 배비지는 협회의 종신회원 중의 한 사람이 되었다.

협회가 발전함에 따라 부문별로 나누어졌는데, 각각의 부문은 과학의 특정한 분야에 몰두했다. 1833년 케임브리지에서 배비지는 통계학 부문을 조직하여 의장이 되었다.

일 년 뒤, 또한 BA에서 독립하여 영국 경제의 발전에 대한 정보를 모으고 분석하기 위해 런던 통계학회를 설립하는 것을 도왔다.

토요일의 저녁 파티

1828년 런던으로 돌아온 직후 배비지는 좀 더 넓은 땅을 가질만한 여유가 있다고 여겨 어머니가 아이들을 돌보고 있는 곳에서부터 몇 블록 떨어진 곳에 두 번째 집을 임대했다. 이제 일하기에 충분한 공간을 가지게 되었으며 또한 방문객들과 즐길 수 있는 방도 가지게 되었다. 처음에 그는 어린 아이인 허셜과 조지아나를 협회에 소개하기 위해 평범한 토요일 저녁 파티를 열기도 했다.

오래지 않아 배비지가의 저녁 파티는 런던 사교계의 중요한 부분을 형성했다. 방문객들의 수가 자주 200명을 넘었다. 그들은 사교계의 모든 곳에서 모여 들었다. 변호사, 판사, 의사와 집사, 그리고 주교들과 학자, 예술가들이었다. 워털루의 영웅인 웰링턴 공작과 자유주의 내각에서 장관을 지낸 랜스다운 후작과 같은 귀족들도 있었다. 예술가와 문필가로는 셰익스피어계 연극 배우인 윌리엄 맥크레디, 역사학자인 토마스 맥컬리와 헨리 밀만, 소설가 찰스 디킨스 그리고 저명한 문장가인 시드니 스미스가 있었다. 과학자로는 전신기를 발명한 찰스 휘트스톤, 지질학자인 찰스 라일과 윌리엄 피톤 그리고 젊은 생물학자이자 세계

웰링턴(1769~1852)
영국의 군인 · 정치가. 1815년 영국 프로이센 연합군 사령관이 되어 나폴레옹군을 워털루에서 격파하였고, 1828년에는 수상이 되었다.

디킨스(1812~1870)
영국의 소설가. 가진 자에 대한 풍자와 인간 생활의 애환을 그려 명성을 얻었으며, 작품에 『크리스마스 캐럴』, 『올리버 트위스트』 등이 있다.

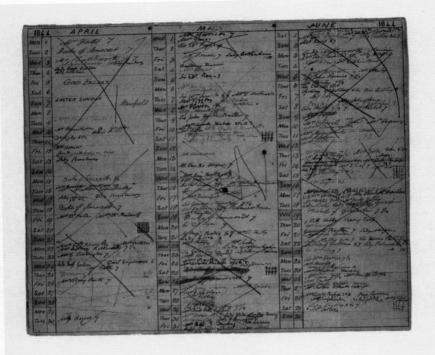

배비지의 사교 일기의 한 부분(1844년 4월부터 6월까지). 초상화 작업을 위한 화가 사무엘 로렌스와의 약속, 절친한 친구였던 서머싯 공작과의 여러 차례의 만남을 포함한 빽빽한 일정을 보여 준다.

여행가인 찰스 다윈이 있었다. 사진술 발명가인 윌리엄 폭스 텔벗도 친구 허셜과 함께 왔다. 외국에서 온 방문객들도 환영받았다. 독일 작곡가인 멘델스존, 이탈리아 정치가인 카밀리오 카부르도 있었다. 카부르는 후에 그의 조국을 통일하는 활동을 한다. 『미국에서의 민주주의』를 쓴 프랑스 작가인 알렉시스 드 토크빌과 미국 출신 물리학자 조셉 헨리도 있었다.

여러 부인들이 남편과 더불어 왔으며, 몇몇 여인들은 그들 특유의 성품으로 인해 환영받았다. 상당한 재산을 상속받았던 안젤라 부르데 쿠트는 배비지가 즐겁게 지낸 파티의 멋진 손님이었다. 안젤라는 천문학을 공부하고 있었고 배비지와 자주 수업을 함께 했다. 크림 전쟁 동안 그녀는 간호사 플로렌스 나이팅게일을 따라 갔다. 내과 의사의 부인인 메리 섬머빌은 과학에 대한 깊은 조예로 파티를 활기차게 했다. 그녀는 대중을 위한 과학 책을 몇 권 썼다.

차분 기관 1호 탄생

이 모든 시간 동안에도 배비지는 차분 기관을 생산하는 데에 전력하고 있었다. 일은 좀체 진전되지 않았다. 1828년까지 기계를 만드는 데 6000파운드 이상을 썼고, 정부는 단지 1500파운드만을 지원했다. 왕립학회에서 배비지의 친구들로부터 지원 요청을 들은 후, 정부는 다른 식으로 결정했다. 작업은 느리게 진행되었다. 기술자인 클레멘

다윈(1809~1882)
영국의 생물학자. 남반구를 탐사하여 수집한 화석 및 생물을 연구하여 생물의 진화를 주장하고, 1858년에 자연선택에 의하여 새로운 종이 기원한다는 자연선택설을 발표했다.

멘델스존(1809~1847)
독일의 작곡가. 낭만주의적 경향의 피아노 소품집 〈한여름 밤의 꿈〉으로 명성을 떨치고, 19세기 낭만파의 지도자적 역할을 했다.

크림 전쟁
1853년 제정 러시아가 흑해로 진출하기 위하여 터키, 영국, 프랑스, 사르디니아 연합군과 벌인 전쟁. 1856년 러시아가 패배하여 남진 정책이 좌절되었으며, 나이팅게일의 간호 활동으로 잘 알려져 있다.

트는 수당을 즉시 받지 않는다면 작업을 거부할 것이다. 그리고 정부 보증은 복잡한 관료제를 통과해서 진행되어야만 했다.

모든 계획이 예상했던 것보다 많이 늦어지고 있었다. 기초적인 기계 조직이 만들어지는 동안 작업 진행이 다른 사람들에게 보여져야만 했다. 전체 계획은 1830년에 이르기까지 완성되지 않았다. 그때까지 클레멘트의 노동자들은 수천 개의 부속품들을 생산했지만 전혀 조립하지 않고 있었다. 곧 배비지와 정부는 조립 계획을 클레멘트의 작업소가 아닌 곳에서 하기로 결정했다. 배비지의 새로운 계획에 따르면 여기는 불연성의 2층 작업장으로 18미터 길이에 8미터의 폭을 가진 건물이었다. 두 번째 건물은 차분 기관을 위한 것이었다. 배비지는 클레멘트의 모든 작업을 새 건물로 옮기고자 했다. 그러나 클레멘트가 반대했다. 배비지는 그에게 자금을 대어 넓은 작업장을 만들었다. 그래서 클레멘트는 많은 기계와 고용인들을 소유했다. 이것들을 배비지와의 계약 외에도 이용했다. 또한 기계들이 그의 소유이며 배비지나 정부의 소유가 아니라고 주장했다.

1832년 동안 클레멘트의 노동자들은 그들이 맡은 차분 기관의 많은 부분을 조립했다. 그러나 기계의 계산 부분은 상당히 조립했지만, 인쇄 부분은 그렇지 못했다. 이때부터 더 이상의 어떤 일도 진척되지 않았다. 클레멘트가 기계들을 배비지의 공장으로 옮기지 않으려 했기 때문이다. 단지 1834년에 차분 기관만이 옮겨졌다. 그때까지 정부는

1832년 클레멘트가 조립한 차분 기관 1호의 한 부분. 최초의 자동 계산기로 지금까지 알려져 있다. 그림에 보이는 부분은 2천 개에 가까운 개별 부품으로 구성되어 있는데, 그 당시 정밀 기술의 수준을 보여 주는 사례 중의 하나이다.

17000파운드를 지출했고, 배비지도 수천 파운드를 썼다. 정부는 클레멘트와 배비지가 각자의 회사를 가지게 되고 난 후 전체 계획에 대한 수정이 필요하다고 생각했기 때문에 더 이상 일을 진행시키지 않았다.

새로운 기술의 발전

몇 년 동안 배비지는 그의 객실 한 편에 차분 기관 전시장을 마련했다. 그곳 근처 방에는 얼마 전 사서 말끔히 정비한 춤추는 인형을 가져다 놓았다. 어느 유쾌한 토요일 저녁 파티에서 많은 친구들이 그 인형의 우아한 움직임에 경탄하고 있었다. 다음 방에서는 두 명의 외국인 방문객 그러니까 미국인 한 명과 독일인 한 명이 차분 기관의 움직임에 대해 열심히 토론하고 있었다. 그는 인상을 찌푸리며 한 친구에게 말했다.

"이쪽에서 자네는 영국을 보고 있고, 저쪽에서 자네는 두 외국인들을 보게 되네."

그는 그의 성취가 조국에서 인정받지 못한다는 것이 매우 고통스러웠다.

배비지는 모든 경험을 잘 이용했다. 영국과 대륙의 작업장과 공장들을 모두 방문한 후 어떤 일반 원칙들을 밝혀내었다. 1832년, 그는 『기계와 제조업 경제에 대하여』라는 30개의 장으로 이루어진 책에 이 원칙들을 제시했다. 이 책은 3년 만에 영국에서 4판까지 찍었다. 그리고 미국에서도 출판되었을 뿐 아니라 독일과 프랑스, 이탈리아, 스페인, 스웨덴, 그리고 러시아어로 번역되어 최고의 베스트셀러가 되었다.

『경제』에서 배비지는 산업 생산을 모든 측면에서 분석했다. 그것은 원료의 획득과 이동에서부터 기계와 노동자들의 합당한 배치 그리고 최종 생산물에 소요되는 비용과 분배까지 다루었다. 각각의 단계들은 원리와 예를 통해 설명했다. 또한 노동과 경영의 관계에도 주의를 기울였다. 목적은 경제와 그 효율성을 지적하는 것이었다. 산업 혁명 시기에 배비지는 중요하고 유용한 그 미래의 청사진을 제시했던 것이다. 불행하게도 많은 경우 기득권자들은 노동자들과 소비자들의 이익에 무관심하다. 어떤 부분에서 그는 우리 시대에 이르러 효과적인 무역에서 주식이 되는 그런 것들에 대해 조언하고 있었다.

배비지는 새로운 제조업 기술이 노동자들에게 혼란을 야기할 것이라는 점도 경고했다. 기계 방직기가 수동 방직기를 대체하고 힘센 남성 방직 노동자는 기계 방직기에 적합한 여성과 아동으로 대체되었다. 그래서 배비지는 아래와 같은 제안을 했다.

노동자들도 지적인 능력이 높아짐에 따라 추측건대 이제 시간당 자신들의 노동 가치와 같은 몇몇 요인들을 예측할 수 있게 될 것이다. 그리고 은행들의 도움과 친숙한 단체들이 필요악을 교정하는 데에 다소 도움을 줄 것이다. 그러므로 그들에게 고용의 다양성이 어떤 면에서 노동 가치의 변동에 따른 궁핍을 완화하는 경향이 있다고 제안하는 것이 유용할 것이다.

경기가 좋지 않은 동안 은행에 저축해 두고 여러 가지 기술을 배우라는 것이 오늘날 노동시장의 변화 가운데 유용한 조언일 것이다.

배비지의 효율성에 대한 생각의 한 예는 런던과 브리스틀 간의 우편 우송 업무에 있다. 45킬로그램의 편지 뭉치들을 말이 끄는 마차로 보내기 위해서는 2톤 트럭을 끌 만한 힘이 필요하다. 그래서 배비지는 고가 전신선 체계가 런던과 브리스틀 사이에 세워져야 한다고 제안했다. 전신선을 달리는 가벼운 바퀴로 인해 편지 수송이 훨씬 편리해질 것이다. 이와 같은 체계는 먼 거리에서는 사용할 수 없었다. 그러나 1920년에 백화점에서 사용되었다. 배비지가 오늘날의 눈 깜짝할 사이에 전세계를 이동하는 전산 시스템인 이메일을 보았다면 매우 기뻐했을 것이다.

1830년대에 굉장히 활발한 활동을 하는 가운데 개인적이 불행이 갑자기 찾아왔다. 1834년에 그의 사랑스러운 딸 조지아나가 병으로 죽었다. 그녀는 17세에 불과했다. 그는 비탄한 심정을 떨쳐 버리기 위해 더욱더 일에 몰두했다. 아들 허셜이 잠시 그의 집으로 이사 왔고 손자들이 할머니와 함께 살기 위해 기숙학교를 떠나 왔다.

영국 철도 체계의 발전

　이 시기의 중요한 혁신은 영국 철도 체계의 발전이었다. 처음에 철도는 짧은 거리만이 연결되었고 석탄과 같은 생산품을 수송했다. 그러나 1850년에 이르러서는 그 길이가 9,600킬로미터 이상이 되었다. 또, 배비지와 친구들은 마차 대신 증기 기관을 이용한 기차로 협회회의를 위해 여행할 수 있었다. 얼마 지나지 않아 노동자 계급 가족들도 해변에서 여름휴가를 보낼 정도가 되었다.

　1830년 9월에 배비지는 처남 휘트모어와 함께 맨체스터와 리버풀 사이의 철도(약 64킬로미터 정도에 이르렀다) 개통식에서 여러 고관들 사이에 있었다. 이후 10년 동안 배비지는 철도 운송의 효율적인 발전에 좀 더 진보적으로 관여하게 된다. 그는 브루넬을 위해 버밍햄과 브리스틀 간 철도의 설계자에게 소개장을 썼다. 브루넬은 그 계획의 기술자로 지명되었으나 재정 상태는 계속 내리막이었다. 1833년 브루넬은 서부영국철도라고 이름 붙인 런던 브리스틀 간 철도공사에 직책을 얻게 되었다. 그리고 1837년 뉴욕까지 운항을 확대하기 위해 외륜증기선 대서부선을 건조했다. 당시의 기술적 진보를 가늠하려면 20년 후에 브루넬이 건조한 대동부선을 생각하면 된다. 그 기선은 3만 2,000톤이 나갔으며 대서부선보다 무게가 열 배나 더 나갔다.

　브루넬에게 언제나 진심어린 친구였던 배비지는 몇 년 뒤에 그를 위해 일을 할 수 있는 기회를 잡았다. 브루넬이

서부영국철도를 설계했을 때 그는 철도선 간 거리를 2미터로 했었다. 이것을 궤간이라고 부른다. 이전의 모든 철도는 표준 궤간이 약 1.435미터였다. 주주회의에서 전통주의자들이 브루넬의 주장을 반대했지만 배비지는 그를 변호했다. 1838년 배비지는 휴가를 포기하고 2미터짜리 궤간 열차의 불편한 떨림 현상을 조사하기 위해 떠났다. 그는 서부영국철도의 탑승감이 질적으로 약간 뒤떨어지는 면이 있는데 이는 다른 철도의 평균속도가 시간당 약 24킬로미터 정도인 데 반해 64킬로미터나 되기 때문에 문제가 되지 않는다고 보고했다.

서부영국철도의 감독관은 배비지가 더 자세한 분석을 하도록 허가했다. 그는 측정 기구들을 가지고 기차 안으로 들어갔다. 객차들은 브루넬의 직원인 그의 아들 허셜이 설계한 것이었다. 측정 기계는 열차의 속도와 모든 방향에서의 기차의 떨림 정도를 기록했다. 배비지는 그의 조사 결과를 다음 주주 총회에서 보고했고, 대성공을 거두었다. 그는 결과가 매우 가치 있는 것이기 때문에 모든 기차들에 측정 기구들이 항구적으로 이용되어야 한다고 제안했다. 측정 기구는 사고가 발생했을 경우 원인을 찾는 데에 도움을 줄 것이다. 현재 전자 공학적으로 설계된 기차와 항공기는 블랙박스라는 이런 기구들을 장착하고 있다. 하지만 전통적 관점이 이겼다. 1900년까지 7궤간 열차의 우수성에도 불구하고 사용되지 않았다.

궤간
철길 궤도의 두 쇠줄 사이의 너비. 표준 궤간은 1.435미터이고, 이보다 넓은 것을 광궤, 좁은 것을 협궤라고 한다.

컴퓨터를 꿈꾸는 배비지

차분 기관에 관한 연구 작업이 중단된 시기 동안 배비지의 천재적인 정신은 이미 더 향상된 계산 장치에 관심을 두고 있었다. 해석 기관이라고 부른 이것은 단지 덧셈이나 뺄셈을 함으로써 숫자들을 산출했던 것보다 더 많은 일을 하게 되었다. 바로 방정식을 푼 것이다. 차분 기관에서는 계산 중에 새로운 상수를 필요로 할 때마다 손으로 기입해야 했다. 1834년에 배비지는 차분수를 기계적으로 기입할 수 있는 방법을 생각했다. 그러나 그것보다 좀 더 복잡한 문제들을 해결할 수 있는 기계를 원했다. 바로 컴퓨터를 원했던 것이다.

20년 이상, 배비지는 기계식(전자식이라고 하는 편이 더 낫다) 컴퓨터가 될 만한 그런 해석 기관의 여러 부분들을 설계하는 데 열중했다. 우리가 중앙 처리 장치(CPU)라고 부르는 것을 그는 마일이라고 했으며, 우리가 기억 장치라고 부르는 것을 저장기라고 불렀다. 각 부분 간을 이어 주는 연결자로 현재의 전기 신호 대신에 여러 종류의 톱니바퀴와 지렛대를 이용했다.

정부로부터의 지원이 없었기 때문에 자신의 자금으로 해석 기관의 설계에 착수했다. 그는 풀무와 몇몇 기계, 설계실로 시작했다. 그리고 클레멘트의 설계사였던 자비스를 고용했다. 이즈음 배비지는 실제로 완전한 해석 기관을 제작하는 것이 그의 능력을 넘어 선다는 것을 알았기 때문

블랙박스
비행기 따위에 비치하는 비행 자료 자동 기록 장치. 사고가 났을 때 그 원인을 밝히는 데 중요한 구실을 한다.

해석 기관
1833년에 영국의 수학자 배비지가 고안한 세계 최초의 범용 자동 디지털 계산기. 오늘날의 컴퓨터와 유사한 기능을 갖추었으나 당시의 기술 수준이 낮아서 완성하지는 못했다.

중앙 처리 장치
컴퓨터 시스템 전체의 작동을 통제하고 프로그램의 모든 연산을 수행하는 가장 핵심적인 장치.

이다. 그가 할 수 있었던 것, 그리고 해냈던 것은 쉴 새 없이 연구하고 발전시키는 것이었다. 즉 무수한 기술적 문제들을 해결하고, 완전한 공학 설계를 하고, 샘플 부품들을 연결하며, 그리고 작업의 몇몇 세세한 부분들을 보여 주는 여러 가지 요소들을 만드는 것이었다. 게다가 혹시나 다른 사람들이 그런 작업을 더 진행시키지는 않았는지 알기 위해 그의 생각들을 널리 알렸다.

배비지는 좀 더 기술적인 부가 사항을 해석 기관에 덧붙였다. 그의 기계에 숫자를 기입하기 위해 천공 카드를 사용한 것이다. 천공 카드는 숫자를 표현하기 위해 구멍을 뚫은 카드 묶음이었다. 이 방식은 프랑스에서 백 년 전에 발명되었다. 자카드 직물 공정에서 이 천공 카드를 사용하여 북이 한 번씩 지나갈 때마다 다른 방향으로 날실이 아래위로 움직이는 것을 조절하는 기능을 했다. 배비지의 절친한 친구였던 에이다 러브레이스는 후에 "해석 기관은 마치 자카드 방적 기계가 꽃과 잎사귀들을 직조하듯이 대수식들을 직조했다"고 썼다.

에이다 러브레이스와의 우정

천공 카드
정보의 검색 · 분류 · 집계 따위를 위하여 일정한 자리에 몇 개의 구멍을 내어 그 짝 맞춤으로 숫자 · 글자 · 기호를 나타내는 카드.

에이다 러브레이스가 태어났을 때 이름은 아우구스트 에이다로 시인 바이런 경의 유일한 자식이었다. 태어난 지한 달 뒤인 1815년 12월에 그녀의 어머니와 아버지는 이혼했다. 그래서 그녀는 아버지를 알지 못했다. 바이런은

자카드 방직기의 작동

아래 내용은 루이기 메나브레아의 「배비지의 해석 기관」에서 묘사된 것이다. 이 논문은 1843년 에이다 러브레이스에 의해 번역되어 런던에서 출판되었다.

직물에서는 통상 두 종류의 실이 구분된다. 하나는 날실, 즉 세로실이고 다른 하나는 씨실, 즉 가로실이다. 이 가로실은 북이라고 불리우는 기구에 의해 움직인다. 그리고 이 북은 날실을 가로지른다. 문직 옷감이 필요할 때에는 차례로 씨실이 날실을 가로지르지 못하도록 하는 것이 필요하다. 그리고 이것은 생산할 디자인의 특성에 따라 조직된다. 예전에 이 작업은 지루하고 어려웠으며 작업하는 사람, 즉 자신을 실의 움직임에 맞추어야만 했다. 그리고 그가 만들어야할 디자인에 주의를 기울여야 했다. 그래서 이렇게 만들어진 직물은 가격이 치솟았는데, 특히 여러 종류의 색깔이 직물에 들어갈 경우 더했다.

이러한 제조 공정을 단순화하기 위해 자카드는 씨실과 날실이 함께 움직이면서 연결되는 기계를 고안했다. 이 기계에는 각 종류의 실에 속하는 구분된 지렛대가 붙어 있었다. 모든 지렛대들은 작은 피스톤 봉 안에서 끝에 있는데, 이 피스톤 봉은 실들을 한 묶음으로 합친다. 보통 직사각형 모양의 바닥에 평행육면체의 형태를 띠고 있다. 피스톤 봉들은 원통 모양이며 좁은 간격을 두고 각각 떨어져 있다. 실을 짜기 위해서는 요구되는 순서에 따라 이러한 여러 가지 지렛대를 움직였다. 효과적으로 움직이기 위해서는 직사각형의 두꺼운

천공 카드로 제어되는 자카드 직조기로 짠 초상화. 연달아 연결되어 있는 천공 카드들이 직조기의 움직임을 결정한다. 그림에 앉아 있는 인물의 왼쪽 뒤로 자카드 직조기의 작은 모델이 보인다.

판자가 있어야 하는데, 이것은 지렛대 묶음보다 다소 컸다.

만약 이 판자가 묶음의 아래로 들어간다면, 그리고 움직임이 판자에 전해진다면, 이 판자는 모든 피스톤 봉들을 실과 함께 움직일 것이다. 그리고 결국 각각의 씨실과 날실이 연결된 지렛대들도 움직일 것이다. 그러나 만약 그 판자가 그저 평평한 대신 지렛대들 끝에 맞게 구멍이 뚫려 있다면, 그때에는 각각의 지렛대들은 봉이 움직이는 동안 판자를 통과해 갈 것이다. 모두 제자리를 지키면서 말이다. 따라서 우리는 판자에 구멍을 뚫을 위치를 결정하는 것이 매우 쉽다는 것을 안다. 어떤 주어진 순간에 나머지 지렛대가 제 자리를 지키고 있는 동안 몇몇 개의 직조하는 지렛대가 있어 한 묶음의 실을 짜낸다.

작업이 일정한 패턴으로 된 규칙에 따라 계속 반복된다면 어떤 패턴이 직물 위에 반복해서 나타날 것이다. 이를 위해 단지 필요한 규칙에 따른 한 계열의 카드들을 구성하고 그것들을 하나하나씩 차례대로 정돈하기만 하면 된다. 그리고서 그것들을 다각형의 도투마리 위를 지나가게 함으로써 직물을 짜는 작동이 규칙적으로 이루어지게 되는 것이다. 이때 이 도투마리의 면들은 지렛대와 맞서면서 스스로를 움직인다. 따라서 문직천의 조직이 정확하고 빠르게 이루어져 예전에는 힘겨웠던 제조 작업을 대신한다.

1824년에 죽었다. 바이런 여사는 에이다에게 수학을 가르치며 격려했다. 1832년에 만난 메리 섬머빌도 그녀의 수학 공부를 도왔다. 섬머빌은 또한 에이다에게 윌리엄 왕(그는 곧 러브레이스 경이 될 것이었다)을 소개시켰고, 이 둘은 1834년에 결혼하여 세 명의 자식을 두었다. 에이다는 쾌적한 환경에서 아이들을 돌보기보다 수학과 사회학 모임에서 좀 더 많은 시간을 보냈다. 그녀의 어머니와 하인들이 아이들을 돌보았다.

에이다는 1833년 배비지를 만나 그의 계산기에 깊게 매료되었다. 그들은 평생의 친구가 되었다. 에이다는 배비지의 딸인 조지아나보다 불과 두세 살 연상이었을 뿐이었다. 아버지가 없던 에이다와 딸을 잃은 배비지는 딸과 아버지의 관계가 되어 자주 서로의 집을 방문했다. 1840년대 초, 에이다는 배비지의 해석 기관에 대해 대중들에게 알리는 중요한 기여를 하게 되었다.

1840년 배비지는 대륙으로 다시 여행을 떠났다. 프랑스 리옹에서 자카드 직물을 짜는 직물공장을 방문하여 기계에 완전히 매혹되었다. 2만4천 개의 천공 카드가 자동으로 자카드 방적 기계의 발명자인 조셉 자카드의 초상을 선명하게 천 위에 만들어 내고 있었다. 배비지는 두 장의 복사본을 얻었고, 후에 친구들을 놀래 주기 위해 한 장을 그의 제도실에 걸어 두었다.

"잘 짜인 윤기가 흐르는 수놓인 비단은 조각처럼 완벽해서 마치 왕립아카데미의 두 회원(화가와 삽화가)에 의해 저

바이런(1788~1824)
영국의 시인. 낭만파를 대표하는 시인으로, 자유분방하며 유려한 정열의 시를 써 열광적인 인기를 얻었다.

질러진 실수처럼 보인다."

이것이 배비지가 해석 기관에 사용한 천공 카드 체계의 독창적인 면이었다.

배비지는 투린까지 가서 제2회 이탈리아 과학자회의에 참석했다. 그는 몇 년 더 일찍 그들을 모이게 했었다. 회의에서 배비지는 많은 시간을 이탈리아 수학자들에게 해석 기관을 설명하면서 보냈다. 그들의 질문에 대답하면서 다른 이들을 만족시킬 해결책을 찾으려고 애쓸 때마다 그의 생각은 더 확실해졌다. 회의 기간에 젊은 수학자인 루이기 메나브리아가 배비지의 설명을 적어 갔다. 배비지의 적극적인 지원으로 메나브리아는 1842년 스위스의 한 잡지에 24쪽 가량의 해석 기관에 대한 논문을 프랑스어로 발표했다. 후에 메나브리아는 이탈리아 통일 전쟁에 참전했고, 1860년대에는 이 년 동안 새로운 이탈리아 정부의 수상으로 재직했다.

영국으로 돌아와서 배비지는 에이다에게 메나브리아의 논문을 영어로 번역해 보는 게 어떻겠냐고 제안했고, 에이다는 흔쾌히 수락했다. 그 번역본은 주석이 달려 두 배나 길어졌고, 1843년 런던에 있는 〈과학 논문집〉에 실렸다. 주석에는 배비지의 지도로 해석 기관의 성능을 보이기 위해 보다 자세한 예들과 부가적인 설명을 실었다.

해석 기관은 무엇이나 산출해 내는 것처럼 가장하지 않는다. 다만 어떤 일을 할 때 어떤 순서로 할 것인지 우리가 아는 것

에이다 러브레이스. 보기 드문 이 은판 사진은 해석 기
관에 대한 루이기 메나브리아의 회고록을 그녀가 번역
출간한 시기로 추정되는 1844년에 찍은 것이다. 그녀는
"해석 기관은 자카드 직조기가 꽃과 잎사귀를 짜듯이 수
학적 패턴들을 짠다"고 말했다.

을 할 수 있을 뿐이다. 해석을 따를 수는 있지만, 해석적 관계나 진실에 관여할 어떤 기능도 가지고 있지 않다…… (하지만) 진리값과 해석의 공식을 결합하고 확충하는 데 있어서…… 과학에서 많은 주제들의 본성과 관계들은 필연적으로 새로운 조망을 받아 좀 더 근본적으로 탐구될 것이다.

이 기계는 수로 표현되는 양이 마치 문자나 다른 어떤 일반적인 상징들인 것처럼 결합하고 정돈할 수 있다. 그리고 사실상 그것은 대수 기호로 결과들을 산출해 낼 것이며 이러한 기능을 위해 만들어진 것이다.

다시 말해, 이 기계는 숫자 외의 다른 것에도 작용한다. 바로 시행 중인 추상 과학의 대상에 의해 표현되어질 수 있는 상호 근본적인 관계들의 대상들이다…… 예를 들어 화성학과 뮤지컬 작곡에서 조정된 음들 간의 근본적 관계들이 이 기계의 계산에 따른 음정 적용을 받아들일 만한 것으로 가정한다면, 이 기계는 어느 정도 복잡하고 범위가 있는 수준 높고 과학적인 음악을 작곡할 것이다.

에이다와 배비지가 얼마나 많이 표계산과 워드 프로세싱과 데이터베이스에 몰두했을지 생각해 보라!

뿔뿔이 흩어지는 가족

1830년대 배비지의 작은 아들들이 런던 대학교에 얼마간 출석했다. 그들도 아버지의 작업장에서 시간을 보냈으며 자비스로부터 기계 기호법을 배웠다. 형인 허셜은 배비지가 반대한 결혼을 1839년에 올렸다. 그가 늙은 벤자민을 모방했을까? 둘을 모두 아는 친구들이 관계를 부드럽게 하기 위해 애썼다. 허셜이 그의 가족과 남동생 더글라스와 함께 1842년 이탈리아의 철도 공사를 위해 서둘러 떠날 때, 배비지는 그가 짐싸는 것을 도왔다. 다른 몇몇 일들을 한 후, 두 아들은 1851년 지질 조사를 하기 위해 오스트레일리아로 떠났다. 셋째 아들 헨리는 인도 군대에 입대하기로 결심했다. 1834년 자리를 배정 받아 떠나면서 배비지의 어머니 베티는 낡은 집에 홀로 남겨졌다. 어머니는 1844년 85세의 나이로 세상을 떠났다.

배비지는 나머지 삶의 대부분 동안 계속될 일상적인 일들에 곧 빠져 들었다. 아침과 오후는 해석 기관에 대한 글을 쓰거나 작업을 하면서 보냈고, 저녁 식사 때에는 파티를 열거나, 연극이나 오페라를 보러 갔다. 헨리는 후에 아버지가 1842년 2월 한 달 동안 적어도 일요일을 포함해서 매일 13번 정도 저녁 식사나 파티에 초대되었다고 썼다. 또한 배비지는 사람들을 집으로 초대했다. 스코틀랜드의 화학자인 라이언 플레이페어는 그곳에서의 일상을 다음과 같이 썼다.

배비지는 전달할 만한 수많은 정보들로 가득 차 있었다. 한번은 9시에 아침을 함께 하기 위해 갔다. 그는 계산기의 작동에 대해 내게 설명하고, 나중에는 번쩍이는 불빛으로 신호를 보내는 기계에 대해서도 말했다. 1시에 점심 식사를 함께 하면서 시계를 보았는데 4시를 가리키고 있었다. 깜짝 놀라 시계가 고장 난 줄 알고 고장 나지 않은 시계를 찾기 위해 거실로 나갔는데 놀랍게도 그 시계도 4시를 가리키고 있었다. 이 철학자의 대화와 설명이 너무 매혹적이었기 때문에 시간이 지나가는 줄도 몰랐던 것이다.

배비지는 매일 그의 책상에 앉아 있지는 않았다. 복잡한 문제를 친구들에게 설명하는 것도 그의 일이 될 수 있었다.

해석 기관을 발명하다

5

해석 기관에는 인쇄기가 포함되어 있다. 배비지는 해석 기관의 설계가 시간이 지나면서 진화할 것이라고 믿었다.

1834년경, 배비지는 자신이 만든 차분 기관의 한계를 넘어선 기계를 설계하기 시작했다. 차분 기관은 수동으로 입력한 단 한 개의 차분에 대해서만 숫자표를 계산할 수 있었다. 만일 어떤 공식에 맞도록 차분을 변경할 필요가 생겼다면, 그 기계는 새로운 값을 갖도록 조정되어야만 했다. 하지만 차분을 빈번하게 변경해야 하는 공식들이 많이 있다. 로그와 삼각함수의 공식들 등이 바로 그렇다.

차분 기관의 한계를 극복하기 위한 방법들

배비지는 이 문제를 다룰 방법을 찾고 있었다. 그는 꽤 빠른 시간 내에 한 가지 방법을 알아냈다. 삼각함수로부터 사인 값을 계산할 때 두 번째 차분수가 옳게 계산된 사인 값의 단순한 함수식이라는 것이다. 이제 그 기계의 숫자표 축으로부터 두 번째 차분축으로 상수에 의해 곱해진 사인 값을 피드백 하는 방법을 적용하기만 하면 되었다. 그랬더니 연속적인 사인 값이 사람이 개입하지 않아도 저절로 계산되었다. 배비지는 이미 1822년에 이 사실을 알고 있었다. 그는 1832년에 제작했던 차분 기관에 추가적인 기계 장치를 했다. 이 추가 장치를 이용하여 숫자표의 한 자릿수 값이 두 번째 차분 열로 피드백 될 수 있게 함으로써 위의 원리를 증명했다.

배비지는 단순한 이유로 이 일반적인 방법을 차분 기관에 사용하지는 않았다. 차분 방식의 핵심적인 특징은 덧셈만 사용하여 표로 된 복잡한 함수식을 해결한다는 것이고 그것은 쉽게 기계화된다. 그러나 숫자표 축으로부터 값을 피드백 하는 작업은 곱셈을 필요로 할 것이다. 이것은 기계를 더 느리고 복잡하게 만들 것이 뻔했다. 배비지는 실제로 만들어질 수 있다고 생각되는 설계를 선택했다.

배비지는 한 축으로부터 다른 축으로 숫자를 피드백 하는 이 방식을 두고 '제 꼬리를 잘라 먹는 기관'이라고 불렀다. 그리고 1832년 실제로 조립되었던 부분을 한 자릿수 계산 능력 이상으로 확장하는 방법을 생각하기 시작했다. 아래 스케치는 그가 '별나게 위대한 낙서장'이라고 불렀던 공학 작업 공책에 그려져 있는 것이다.

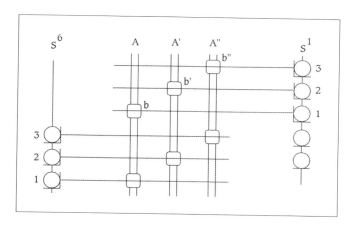

이 스케치에는 '어떤 한 숫자를 s축 위에서 곱셈하고 그것들을 다른 숫자에 더하기 위한 계획'이라는 제목이 붙어 있다. 여기에는 첫 번째 차분축 s^1이 오른쪽에 놓여 있고,

배비지는 자기 스스로 '위대한 낙서장'이라고 부른 비
공식 학습장을 갖고 있었다. 설계와 탐구 개요들을 포함
한 이 문서는 거의 7천 쪽에 달하는 방대한 분량이다.

여섯 번째 차분축 s^6가 왼쪽에 놓여 있다. 이 사이에 배비지는 세 개의 새로운 축 A, A′, A″을 덧붙였다. 연결 톱니바퀴는 s^1축의 바퀴 세 개의 첨단을 세 개의 수평축에 연결한다. 그리고 톱니 막대 b, b′, b″에도 연결한다. 이것들이 A, A′, A″축을 돌리고 또한 바닥에 있는 수평축들와 s^6축 위에 있는 세 개의 바퀴 1, 2, 3을 돌린다. 세 올림자리 아래로 옮겨 놓는 방식으로 숫자에 1000을 곱하면서 세 개의 숫자가 s^1에서 s^6까지 움직인다.

이 방법은 어떤 쓸모 있는 숫자표의 계산은 허용하지 않는데, 왜냐하면 sin(x)=Ksin(x+i)과 같은 함수식은 단지 정수능력 10을 곱하는 것이 아니라, 여러 숫자가 들어 갈 수 있는 K라는 상수에 의해 나오는 결과의 곱셈을 필요로 하기 때문이다. 그러나 이러한 문제는 배비지가 자신의 발상을 더 멀리까지 넓히는 것을 방해하지 않았다. 그의 첫 번째 아이디어는 '제 꼬리를 잘라 먹는 기관'이라는 이미지에 밀접하게 닿아 있었다. 그가 단순히 직선으로가 아니라 원으로 기계의 축들을 정렬한다면, 스케치에서 긴 수평축을 삭제할 수 있을 것이다. 그런 방식으로 산술축은 아주 다른 방식으로 가장 아래에 있는 차분축과 연결될 수 있다. 그러나 이것은 그가 어떤 두 축들을 상호 연결시킬 수 있기를 원했기 때문에 너무 제한적이었다.

그래서 그는 두 도식을 결합했다. 원래의 차분 기관 축은 여러 개의 덧셈축이 되었는데 이것은 톱니바퀴들이 인접한 축에 추가된 축들 중 하나 위에 값을 허용하기 때문이었다. 그림에서 A, A´, A″로 되어 있는 축들을 그는 '곱셈축'이라고 불렀는데 왜냐하면 그것들이 올림자리들 아래위로 숫자들을 진행시킴으로써 정수능력 10으로 곱해진 수들을 허용하기 때문이었다. 덧셈과 곱셈축 둘 모두 큰 중앙 전동장치를 둘러싼 하나의 큰 원 안에 정렬되었는데, 이것들은 선택적으로 이 중앙 전동 장치들과 연결될 수 있었다. 곱셈축은 두 번째 중앙 전동 장치 조합 쪽으로 첫 번째 숫자 조합들을 아래위로 진행시킬 수 있으며 요청된 덧셈축을 차례로 조종할 수 있었다.

차분 기관을 뛰어넘는 기계

배비지는 1834년 가을에 이러한 단계에 도달해 있었다. 이것을 우리는 차분 기관의 마지막 발전 단계라고 부를 수 있다. 배비지는 곧 차분 기관을 완전히 뛰어넘을 수 있는 잠재성을 지니고 있다는 것을 깨달았다. 곱셈이 10의 정수력만이 아니라 어떤 숫자 조합과도 가능해야만 했기 때문에 그 생각은 매우 쓸 만했다. 더하고 옮겨 놓는 것을 통해 곱셈을 기계화하는 간단한 방법은 라이프니츠와 토마스 드 콜마르에 의해서 시도되었다. 그러나 배비지의 야심은 더 컸다. 곱셈을 완전히 자동으로 하기를 원했으며 계산값이 어떤 세 번째 축 위에 저장된 결과와 함께 어떤 두 번째 축 위의 계산값에 의해 곱해진 어떤 하나의 축 위에 저장되기를 원했다. 배비지의 조작 메커니즘은 복잡해지기 시작했다.

배비지가 자동 나눗셈을 하는 기계로 범위를 넓혔을 때 그것은 좀 더 복잡해졌다. 이는 반복된 뺄셈과 조작 과정(계수 10에 의해 나눗수를 이동시키는 것)에 의해 이루어졌다. 그러나 여기에는 어떤 부분에서 좀 더 큰 나머지수를 보고 비교하기 위해 나눗수를 허용하고 진행 시간을 결정하는 부가적인 장치가 필요했다. 어떻게 곱셈과 나눗셈을 모두 충족시키는가라는 질문은 배비지가 현대의 컴퓨터 설계자들과 공유하는 것이다. 또한 어떻게 자리올림을 수행하는가 하는 것도 마찬가지이다. 덧셈이 한 번 실행될 때마다 올림자리가 하나인 수에서 두 숫자를 더한 결과는 다음 더 높은 숫자자리에 들어갈 자리올림수를 요청할 것이었다. 만약 다음 숫자가 이미 9라면, 이것은 다른 올림수를 만들 것이고 계속 이런 식으로 반복될 것이다. 처음에 배비지는 차분 기관에서 사용했던 순차적인 올림수들을 연기하는 방법을 사용했다. 여기서 기본적인 덧셈 주기는 각각의 올림수 주기를 뒤따른다. 올림 수 주기는 먼저 가장 낮은 수에서 필요로 하는 어떤 자리올림을 수행하고서 그 다음 더 높은 숫자로 진행한다. 이 방법은 효과가 있었지만 각각의 숫자에 독립적으로 자리올림이 수행되었기 때문에 느렸다. 배비지는 각각의 숫자축에 30이나 40개의 숫자를 넣는 것을 고려했는데 결과적으로 자리올림은 덧셈 그 자체보다 더 긴 시간이 소요되었던 것이다. 따라서 단순한 곱셈에 수백 개의 독립적인 덧셈 과정이 필요해진 것이다. 자리올림에 걸리는 시간이 단축되어야 했다.

나눗수
나눗셈에서 어떤 수를 나누는 수.

배비지는 올림수들을 최대한 활용하기 위해 여러 가지 접근을 시도했다. 그리고 몇 달 안에 그가 '예상 운반자'라고 부른 것을 기계에 설치했다. 추가된 하드웨어는 올림수가 요구되는 자리와 하나나 그 이상의 바퀴가 이미 9에 도달했을 때 운반 메커니즘이 동시에 그것을 간파해 내도록 한다. 그리고 올림수가 한 계열의 숫자 이상으로 증가하게 한다. 모든 올림수들은 축들 위에 있는 숫자들의 크기에 상관없이 한 번에 실행된다. 배비지는 예상 운반자의 자세한 부분을 알아내기 위해 기계의 다른 어떤 부분을 만들 때보다 더 오랫동안 시간을 보냈다. 기계는 속도를 냈고, 배비지의 노고를 입증했다. 그 메커니즘은 너무 복잡해서 각각의 덧셈축을 위한 운반자 구조를 허용할 수는 없었다. 배비지는 하나의 예상 운반자 메커니즘이 의도한 대로 중앙 바퀴를 통해 덧셈축에 연결될 수 있도록 하는 설계를 사용하려고 애썼다.

그때까지 곱셈은 어떤 분화된 하드웨어에 의해 실행되었으며, 운반 기능은 좀 더 분화된 중앙 장치에서 덧셈축에 이르기까지 제거되었다. 배비지는 곧 덧셈 기능 자체가 덧셈축으로부터 그리고 중앙 바퀴 전체에서 없어도 된다는 사실을 깨달았다. 덧셈축들은 간단하게 그들의 개별적인 바퀴들 위에 숫자들을 저장해 필요에 따라 중앙 바퀴로부터 떨어질 수도 있고 연결될 수도 있었다. 저장축 부분으로 기계를 분해하여 그것을 저장 장치라고 불렀다. 그리고 기능이 실행되는 부분을 제작 장치라고 불렀다. 이것은

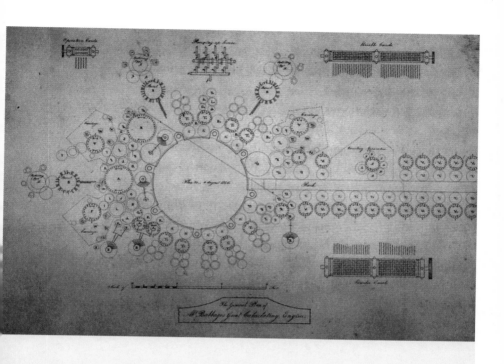

해석 기관의 설계도. 위에서 본 그림으로 보통 기어들과 톱니바퀴들을 표현하는 원들을 통해 기계의 일반적 배치를 보여 준다.

현대의 모든 컴퓨터에서 사용하는 것과 같은 구분으로 하나는 기억 장치라 하고 다른 하나는 중앙 처리 장치(CPU)라고 부르는 것이다.

복잡한 하드웨어를 단순화하여 나누기 위한 새로운 조작 원칙들을 마련했다. 첫 설계에서 정교한 메커니즘들이 나눗수와 나머지수를 표시하는 바퀴의 위치를 감지하고, 다음 단계에서 뺄셈이나 위치 이동을 해야만 한다면 값을 결정하기 위해 하나하나씩 비교했다. 후에 다른 훌륭하고 단순한 접근법으로 발전했는데, 기계가 나눗수가 더 작으면 뺄셈을 실행한다고 가정하는 것이었다. 만약 이 가정이 틀린다면 나머지수는 음수가 될 것이다. 이는 축들 위에 가장 높은 바퀴로부터 증명된다. 이 경우에 기계는 나머지수로 돌아가는 나눗수를 더하게 되는 특별한 상황에 처할 것이다. 즉 나눗수가 한 숫자에 의해 아래로 내려가고 뺄셈을 다시 하게 된다. 이는 기계를 상당히 단순화하며, 일반적 설계를 위해 주요한 의미를 함축한다. 배비지는 곧 작동을 제어하는 숫자축 위에 나타나는 신호의 변화를 이용할 수 있다는 것을 알았다. 다른 말로 하면 만약 결과가 양수라면, 그 기계적 실험은 기계가 하나의 연속 단계를 계속한다는 것을 의미하며, 결과가 음이라면 그 기계는 다른 연속 작동과 바뀔 수 있다는 것이다.

하드웨어
컴퓨터를 구성하는 기계 장치의 몸체를 통틀어 이르는 말.

계산 속도의 증가

그러나 모든 변화가 단순화의 방향으로 진행된 것은 아니다. 왜냐하면 배비지는 계산 속도를 높이고 싶었기 때문이다. 덧셈의 경우 속도를 높이기 위해서는 숫자표로 곱셈을 해야 한다. 덧셈을 반복했던 처음의 곱셈 방식에서 덧셈 주기들의 숫자는 곱셈 승수의 숫자의 합과 같을 것이다. 그래서 38,471을 694로 곱할 경우 38,471은 세 번의 위치 이동을 해 열아홉 번(6+9+4) 더해질 것이다. 배비지는 40자리 정도를 가진 숫자들을 처리할 계획을 세웠다. 두 개의 40자리 숫자를 곱하기 위해서는 이백 번의 덧셈 주기가 소요될 것이다.

배비지는 긴 곱셈의 시작에 있는 적은 수의 순환 주기를 어떤 견본에 맞춤으로써 곱셈 자체를 굉장히 빨리 할 수 있었다. 그는 이것을 숫자표에 의한 곱셈이라고 불렀다. 9의 순환주기에서 그는 피승수의 배수인 첫 번째 9를 제작 장치 안의 특별한 산술축들 위에 놓고 계산했다. 그리고 곱셈 승수의 각 자릿수를 위해 이것들 중 하나를 간단히 선택하여 그것을 모인 곱수에다 더하였다. 그러면 40자리 숫자 두 개를 곱하는 데 단지 40덧셈 주기만 소요되고 숫자표를 형성하는 데 아홉 번이 소요되므로 모두 사십 번의 덧셈 주기인 셈이다. 이것은 처음의 이백 번보다 낫다. 숫자표에 의한 유사한 분할 방법이 속도를 증가시킬 수도 있었다.

승수
어떤 수에 곱하는 수. 예를 들어 10×5에서 5를 이르는 말이다.

피승수
어떤 수나 식에 다른 수나 식을 곱할 때, 그 처음의 수나 식. 10×5=50에서 10을 이른다.

자릿수
수의 자리. 일, 십, 백, 천, 만 따위가 있다.

천공 카드를 통한 제어 문제의 해결

1835년 초기까지, 새로운 기계는 어떤 계산 작업이 진행 중인가에 따라 여러 가지 방법으로 상호 연결시킬 필요가 있는 다른 종류의 특수화된 축들을 많이 가지고 있었다. 이것은 기계를 조작하는 데 좀 더 정교한 접근을 요구했다. 그리고 그 다음 해에 배비지가 해낼 일에는 여러 가지 최초 구성요소들도 포함되었다.

기본적인 문제는 제어에 관한 것인데 어떤 축들이 주어진 시간에 어느 중앙 바퀴들에 연결될 것인가 하는 것이다. 이를 위해 배비지는 위쪽에 볼트가 박힌 '배럴'이라고 하는 실린더를 고안했다. 이는 기계식 뮤직 박스 안에 있는 실린더와 많이 닮아 있는데, 실린더가 돌아갈 때 작은 볼트들이 지렛대로 하여금 여러 음표 레버들을 치게 하는 식과 같다. 배비지의 배럴에 있는 볼트들은 각각 다른 길이로 되어 있으며, 배럴이 돌 때 한 번에 하나씩 볼트들이 작은 톱니바퀴들(피니언 톱니바퀴)의 위치를 차례로 지정하는 제어 지렛대들을 움직였다. 한 위치에서 회전하는 작은 톱니바퀴들은 선택된 축 위의 바퀴를 중앙 바퀴와 이어 주었다. 그리고 다른 위치에서 그것들은 연결을 풀었다. 이런 방식으로 원통형 배럴 위의 볼트들의 제어 하에 숫자들은 한 축에서 다른 축으로 이동될 수 있었다.

이러한 제어 방식에 대한 일반적 접근은 기계의 설계 측면에서 수용될 만한 것이었지만, 그 기능은 계속해서 변화했다. 1835년 여름의 설계는 각 기본 산술 기능을 위한 볼트들과 함께 각각의 숫자와 그 자신의 배럴을 가진 분화된 기능축들을 가졌다. 각각의 실린더들의 회전 위치는 중앙 드럼 장치의 볼트들에 의해 제어되었다. 드럼 장치는 실린더와 유사한데 연속적인 작동을 위해 손으로 조정되어질 수 있는 정렬된 볼트들로 이루어져 있었다. 따라서 중앙 드럼 장치에 있는 볼트 한 열은 다음과 같은 동일한 효과를 가진 볼트들로 구성되었다. 즉 '변수축 7과 24가 곱셈축에 제공되도록 피니언 톱니바퀴를 지정하는 것'이다. 그 다음 열은 '곱셈축들이 곱셈 연속체로 가도록 명령하는 것'이다. 그리고 또 그 다음 열은 '곱셈축들에 의해 지적된 계산 결과를 취하고 변수축 32에 있는 결과를 저장하는 것'이다. 이것은 대단히 복잡하지만 기계를 조작하는 유연한 방식이다. 그러나 배비지는 실험 견본을 제작함이 없이 가능한 매우 복잡한 작업에서 계산기를 제어하는 것은 부적합하다고 생각했다. 무엇을 할 것인가를 기계에 명령하기 위해 중앙 드럼 장치에 있는 볼트들을 수동으로 재지정하는 작업은 너무 성가시고 확실히 실수가 뒤따를 것이다. 더 나쁜 것은 어떤 명령어 조합의 길이는 드럼 장치의 크기에 의해 제한된다는 것이다.

제어 문제와의 싸움에서 배비지는 1836년 6월 30일 돌파구를 열었다. 명령어와 데이터를 기계에 전달하는 것은 회전하는 숫자 바퀴와 지정하는 볼트들이 아니라 내장된 천공 카드에 의해 가능하다는 사실을 깨달았다. 이것은 중앙 드럼 장치를 쓸모없게 만들거나 대체하지는 않았다. 천공 카드는 중앙 드럼 장치의 위치 지정을 통제하는 제어 위계에 새로운 제1단계를 제공했다. 중앙 드럼 장치는 남아서 지속적인 명령어 연속체와 함께 있게 되었다. 이것은 미세 프로그래밍 기능을 가지는 것인데, 최근의 컴퓨터 기술자들의 일과 같은 것이다.

천공 카드의 사용과 해석 기관으로의 전환

배비지가 천공 카드에 대한 생각을 느닷없이 창조한 것은 아니다. 이 카드들의 용도는 직조기 제어 방식으로 널리 알려져 있었다. 이 작업 방식은 18세기에 프랑스인 자끄 드 보깡송에 의해 발명되었고, 그 세기가 끝나갈 무렵 같은 나라 사람인 조셉 자카드에 의해 향상되고 상업화되었다. 자카드의 기계에는 적당한 지점에 구멍이 뚫린 한 계열의 묵직한 판지가 마디 없는 끈으로 모서리가 서로 이어져 있다. 어떤 주어진 작업 단계에서 특정한 카드가 지렛대들에 눌려지고, 잉아를 조종한다. 잉아는 날실이 천에다 직조되어질 패턴을 결정하도록 움직이는 굵은 줄이다. 자카드 방직기는 최초로 복잡한 패턴들을 자동으로 조종했다.

1900년까지 천공 카드는 숫자들을 표기하는 주요한 장치가 되었다. 그것은 미국 인구 조사국의 통계학자인 헤르만 홀러리스에 의해 소개되었다. 그는 이 카드들을 데이터

해석 기관에서 명령과 데이터를 입력하는 데 사용된 천공 카드들. 크기가 작은 연산 카드들은 산술 연산을 수행하는 데 이용되며, 크기가 큰 변환 카드들은 연산 처리되는 숫자들이 발견되는 칼럼들과 연산 결과들이 기록되는 칼럼들의 주소를 지시한다.

를 기계적으로 기록하기 위해 1890년 인구 조사에 사용했다. 그때까지는 홀러리스가 배비지의 기계 장치들을 전기 브러시들로 대체할 수 있었다. 곧 여러 무더기의 카드들을 세고 분류하기 위한 기계가 발명되었다. 이 기구는 1945년부터 대략 1980년에 이르기까지 중요한 컴퓨터 입출력 장치로 사용되었다. 배비지의 천공 카드 사용은 비록 그의 것이 홀러리스와 그의 뒤에 오는 사람들의 전기 브러시와는 달리 천공의 기계적 감지력에 의존한다 하더라도 미래에서의 사용을 탁월하게 예견했다.

만약 우리가 차분 기관에서 해석 기관으로의 전환이 완성된 날짜, 즉 마침내 후자의 기계가 발명된 때를 말해야 한다면, 그것은 아마 1836년 6월 30일일 것이다. 이때 비로소 천공 카드가 내부 장치로 사용되었다. 완전한 설계까지는 1837년까지 1년 반이 소요되었는데 이때 배비지는 이 기계를 설명한 「계산기의 수학 능력에 관하여」라는 증보판 논문을 써 냈다. 배비지는 이후 더 많은 해 동안 설계 작업을 계속 했지만 세밀한 부분을 개선하고 장치를 대체한 정도였지 원리를 바꾸지는 않았다. 1837년까지 배비지는 후속 작업 전체를 통해 그리고 사실상 컴퓨터 설계의 발전 과정 전체를 통틀어 기본 구조가 변하지 않고 남아 있는 기계를 고안했던 것이다.

설계의 원리는 네 가지로 분화된 기계 기능에 있다.

1. 입력 기능. 1836년 이후로 천공 카드는 조작하는 명령어들

과 숫자 데이터, 둘 모두를 기계에 공급하기 위한 기본적 메커니즘이었다.

2. 기억 기능. 비록 저장 장치 안에 맞아 들어갈 수 없는 부가적인 중재 결과들에 대해 천공 카드를 사용하는 계층적인 기억 시스템이라는 생각을 발전시켰지만, 배비지에게 이것은 기본적으로 저장 장치 안에 있는 숫자축들을 의미했다.

3. 중앙 처리 장치. 배비지의 용어로 이것은 제작 장치이다. 현대적인 씨피유(CPU)와 같이 즉각적으로 작동하는 숫자들을 저장한다(레지스터). 즉 하드웨어 메커니즘으로 숫자들은 기본적인 대수 작업에 종속시키며, 제어 메커니즘으로 내부 하드웨어의 미세한 조작 안으로 바깥으로부터 제공되는 사용자의 명령들을 번역해 준다. 그리고 시간 제어 메커니즘으로 신중하게 상황들을 시간적으로 배치하면서 미세한 단계들을 수행한다.

4. 출력 기능. 배비지의 기본적 메커니즘은 항상 인쇄 장치였다. 그러나 그가 천공 카드를 입출력에 적용하기 전에 이미 그래프식 출력 장치를 고려하고 있었다.

저장 장치와 제작 장치의 조직

배비지의 기계에서 저장 장치와 제작 장치가 조직되고 상호 연결되는 방식은 1837년 논문에 설명되어 있듯이 128쪽에 있는 그림에서 보이는 것처럼 입출력장치를 포함하고 있다.

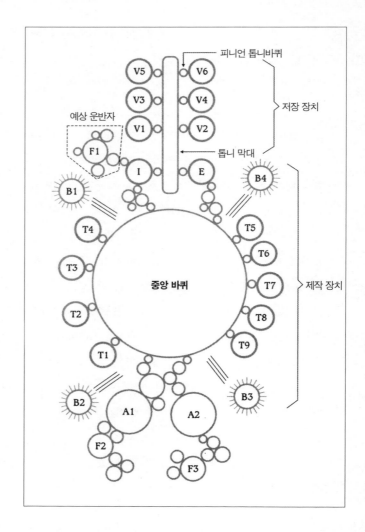

이 도면은 마치 위에서 아래로 내려다보는 것처럼 기계의
모습을 그리고 있다. 맨 위쪽에 있는 것은 여섯 개의 변수축
들을 포함하고 있는 저장 장치 부분이며, V1부터 V6까지
번호가 매겨져 있다. 실제로 저장 장치는 더 많은 변수축들

을 가지고 있으며 더 길다. 배비지는 가끔 최소 백 개나 천 개 정도를 고려했었다. 각각의 변수축은 중앙축 주위를 도는 많은 숫자 바퀴들을 가지고 있으며, 이 숫자 바퀴들 각각은 그 변수들 중 한 숫자를 가지고 있다. 맨 위쪽에 있는 한 개의 여분의 바퀴가 값이 양인지 음인지를 기록했다.

변수축들 사이를 수평으로 움직이는 것은 톱니 막대들이며, 이것은 저장 장치와 제작 장치 사이에서 앞뒤로 숫자들을 실어 나르는 톱니바퀴 장치 첨단들로 된 길고 곧은 쇠막대다. 만약 숫자가 제작 장치 안으로 들어가면, 톱니 막대도 또한 제작 장치(I) 안에 있는 진입축들에 연결된다. 여기서부터 숫자는 제작 장치의 다른 적당한 부분들로 옮겨지는 것이다. 제작 장치가 숫자 조작을 마치면, 그것은 출구축(E)들에 이른다. 이렇게 해서 숫자는 톱니 막대로 이어지는데, 이 톱니 막대는 결과를 내기 위해 어떤 변수축을 따라서 숫자들을 넘겨준다.

제작 장치는 각각의 부분들을 이어 주는 큰 중앙 바퀴들 주위에 정렬된 하부 구조이다. 기계의 모든 측면이 이 도면에 그려진 것은 아니다. 그래서 기계의 복잡성과 크기는 불명확하다. 실제로는 중앙축만 하더라도 60센티미터 이상 길다. 제작 장치는 전체적으로 각 방향에서 약 137센티미터이다. 백 개의 변수축을 가진 저장 장치의 경구는 길이가 약 10피트이다.

진입축은 따로 예상 운반자 메커니즘(F1)을 가지고 있다. 덧셈이나 뺄셈은 거기서 이루어져서 곧장 저장되기 위

해 출구축 쪽으로 넘겨진다. 만약 곱셈을 하려면 첫 번째 9
배수가 진입축에 부가될 것이고 T1부터 T9까지에서 보이
는 바와 같이 산술축에 저장될 것이다.

전체 곱셈이나 나눗셈의 결과들은 도면의 아래에 있는
A1과 A2 두 축들 위에 나타날 것이다. 이것은 '2배 정밀
도' 형식으로 중간 결과들을 갖도록 할 수 있다. 즉, 만약
두 개의 40자리 숫자가 곱해진다면, 80자리 숫자 결과가
A1축과 A2축 위에 나타날 수 있으며, 다른 40자리 숫자에
의해 연속적으로 나눗셈을 한 것은 또한 정확히 40자리 숫
자 결과로 나타날 것이다. 간단한 한 예로 세 자릿수를 사
용해서 명확하게 해 보자. 111이 999와 곱해질 때, 결과
는 6자리 숫자인 110,889로 나타난다. 만약 이 결과가
222로 나누어진다면, 답의 첫 번째 세 자릿수는 494가 맞
다. 그러나 만약 단지 세 개의 제일 높은 자리 숫자, 110이
곱셈으로부터 유지된다면, 약간 틀린 답으로 495가 뒤따
르는 나눗셈으로부터 나온다. 현대의 컴퓨터는 이러한 대
수 계산 결과의 정밀도를 보증하기 위해 곱셈하는 동안 '2
배수 정밀도'의 단계를 보유하고 있다.

복잡한 제어 원리 고안

기계 제어의 좀 더 정밀한 부분은 131쪽의 그림 M에 단
순화된 형태로 나타난다. 이것은 기계의 단면도인데, 기계
의 한 쪽 끝에서 톱니 막대를 지나는 면을 보듯이 그려져

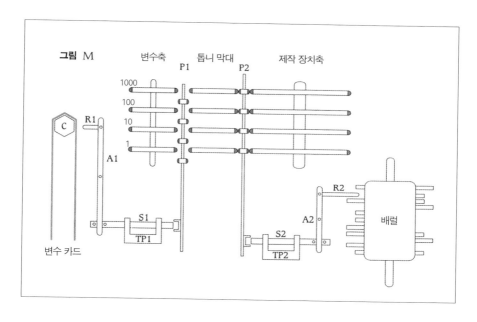

그림 M 　변수축　톱니 막대　제작 장치축

있다. 하나의 견본 변수축이 왼쪽 위에 나타나 있다. 40개
의 숫자 바퀴 중 단지 4개만이 이 도면에 나타나 있다. 변
수축이 톱니 막대로부터 떨어져 있고, 피니언축 P1은 좀
더 낮은 위치에 자리 잡았다. 그렇다 하더라도 만약 변수
카드에 의해 그렇게 정돈된다면 서로 연결될 수 있다. 이
계열들은 카드 묶음 C위에 걸쳐서 서로 가장자리에서 이어
지면서 그림 왼쪽에 보여진다. 그 중앙 주위에 있는 A1 피
벗과 작은 막대인 R1, 맨 위로부터 나오면서 보여지는 변
수축에 상응하는 변수 카드에 천공이 있는지 없는지를 가
늠한다. 만일 천공이 있다면, A1의 위쪽 첨단은 왼쪽으로
회전할 수 있으며 바닥 쪽은 오른쪽으로 회전할 것이다. 이
러한 움직임으로 인해 활판 S1은 P1 피니언축의 바닥에 보

피벗
원뿔 모양으로 된 회전
축.

플랜지
관과 다른 기계 부분을
결합할 때 쓰는 부품.

이는 플랜지에 맞물려 들어갈 것이다. 이렇게 해서 TP1은 S1이 함께 옮겨가면서 적당한 시간에 작은 양을 아래위로 움직이는 이동식 플랫폼의 부분이 된다. 만약 이것이 위로 올라가면 변수축 바퀴들을 상응하는 톱니 막대에 연결하면서, S1은 P1에 맞물리고, P1도 마찬가지로 옮겨질 것이다.

톱니 막대의 오른쪽으로 톱니 막대에 연한 제작 장치축 (진입축이거나 출구축)에서 나온 약간의 바퀴들이 보인다. 보는 바와 같이 이 바퀴들은 피니언 바퀴 P2에 의해 톱니 막대에 연결된다. 그러나 만약 오른쪽 아래에 보이는 배럴에 의해 조절된다면, 그것들은 연결이 풀릴 수도 있다. A2 막대는 중앙을 회전한다. 맨 위에 있는 작은 피스톤봉 R2 는 배럴의 왼쪽 아래 열에 있는 그것에 연한 볼트에 의해 왼쪽으로 밀려갈 것이다. 그러나 거기는 아무것도 없다. 그래서 R2는 오른쪽으로 회전한다. 이것은 활판 S2를 왼쪽으로 움직이면서 P2축 아래에 있는 플랜지로 맞물려 든다. 만약 이동 플랫폼 TP2가 아래로 움직이는 주기를 통과한다면, P2도 마찬가지로 아래로 내려갈 것이다. 이때 톱니막대는 제작 장치의 축으로부터 떨어진다.

배럴은 각각의 수직 열에 10개의 볼트 자리만을 가지고 있는 것으로 그려져 있다. 실제 기계에서 배럴은 훨씬 더 크다. 왜냐하면 수천 개 부분들의 작동이 함께 이루어지기 때문이다. 각각의 열은 200개가량의 볼트를 가질 수 있으며, 각각의 배럴은 50에서 100개의 분리된 열들을 가질 수 있다. 전체 기계는 이러저러한 기계 부분들을 제어하는 여러 다른 배럴들을 가지고 있다. 당연히 배럴들은 서로 간에 밀접하게 협력해야 한다. 정상적인 작동일 경우, 각각의 배럴은 연속적인 기계 주기 동안 하나의 열에서부터 인접한 열로 회전될 것이다. 특별한 움직임이 몇몇 다른 작동들을 결정할 경우도 있다. 이를테면 배럴들은 주어진 열을 한 연속적 계열이 반복될 수 있는 어떤 숫자 열에 의해 주어진 열을 뒤로 돌릴 수 있었다.

그림 M은 입력의 외부 형식으로서 변수 카드들만을 보여 준다. 실제로 거기에는 다른 기능들을 가진 네 가지 종류의 천공 카드가 있었다. 숫자 카드들은 저장 장치에 입력하거나 외부 저장고를 위해 저장 장치로부터 번호를 되돌려 받은 숫자들의 값이 일일이 매겨져 있곤 했다. 변수 카드들은 저장 장치에 있는 어느 축들이 저장 장치로 들어가는 데이터의 원천 또는 되돌아 나오는 데이터의 수용자여야 하는지를 지정했다. 현대적 용어로 말하자면 사용되어진 변수들의 메모리 주소를 제공했다.

작동 카드들은 수행되어야 할 수학적 기능들을 결정했다. 작동 카드의 부분적 내용은 다음 예와 같다.

'다음 두 변수 카드에 의해 지정된 변수축으로부터 번호들을 취하고 제작 장치 안에서 그것들을 곱하라. 세 번째 변수 카드에 의해 지정된 변수축에 있는 결과를 저장하라.'

이것은 기계를 읽어 내는 작동 카드의 감지 피스톤봉에 의해 해석되고 다음과 같이 그 부분에서 번역된다.

'한 지점까지 변수 카드를 전진시키고 정상적인 곱셈 저

장 진행을 위해 시작 지점으로 배럴을 돌려라.'

결합 카드들은 변수 카드와 작동 카드들이 지정된 작동이 완수된 후 앞으로 또는 뒤로 어떻게 돌아가는지를 제어한다. 그래서 작동 카드는 다음과 같은 논리적 내용을 담고 있다.

'변수 카드를 앞쪽으로 25자리 움직이고 작동 카드를 제곱근을 도출하게 하는 배치의 시작 지점에 두어라.'

배비지는 결합 카드들을 이것들이 제어하는 작동 카드로 변환하기로 작정했다. 그래서 네 벌의 카드가 단지 세 개의 카드 리더기만을 필요로 했다(카드 하나가 더 있는데, 이것은 기계로부터 숫자 카드들을 끄집어내기 위한 것이었다). 따라서 배비지는 적어도 1950년경에 사용될 제어 원리에 있어서 어느 것 못지않게 복잡하고 전례가 된 기계를 고안했던 것이다. 작동의 상세한 부분은 기본적인 하드웨어에 의해 결정되었다. 하드웨어는 배럴에 의해 제어되었다. 또한 배럴은 변수 카드와 작동 카드에 의해 제어되었으며 결합 카드에 의해 제어될 때도 있었다.

배비지가 이룬 놀라운 성취

최근의 컴퓨터 역사가들 몇몇은 변수와 작동과 결합 카드에 입력하는 명령의 삼중 분할을 고전적인 것으로 간주한다. 우리는 제어흐름, 작동, 데이터, 그리고 기억 장치 주소가 하나의 단일한 '명령 흐름'으로 지정된 작동 과정에 익숙하다. 그러나 이것은 배비지가 그가 원하던 프로그램대로 만들어진 실재 기계가 없었는데에도 불구하고 프로그래밍 인터페이스를 설계하는 식으로 성취해 낸 것을 과소평가하는 것이다.

이렇게 말하는 것이 매우 정당하다. 즉 작동 카드들은 프로그램을 제공하지 않으며 최근의 용어로 말하자면 서브루틴을 제공한다고 말이다. 결합 카드들은 변수 카드들에 의해 제공되는 참조 호출 값들로 서브루틴을 가져오면서, 제어흐름 프로그램이라는 용어를 제공한다. 배비지의 프로그래밍 개념은 확실히 우리가 루프, 서브루틴 그리고 분기(다음 세대의 프로그래머들이 이프(if)나 이프덴(if-then)명령어라고 부르는 것)라고 부르는 것들을 포함한다.

배비지는 프로그램이나 서브루틴들(확실히 그가 사용한 용어는 아니다)이 검증되어야할 필요가 있다는 것을 알았다. 우리는 이러한 검증을 '디버그' 라고 부른다. 그는 또한 새로운 데이터에다가 검증된 프로그램을 재 작동시키고 심지어 다양한 기계들 사이에 프로그램들을 공유하는 것이 가치 있다고 생각했다. 따라서 이러한 생각은 데이터들을 기계 작동에서 독립되어 있는 것으로 취급하는 자연스럽고 실천적인 접근이었다. 그는 실재 컴퓨터를 프로그래밍해 본 경험이 없었기 때문에 그가 해석자나 적응자와 같은 고차적인 개념어를 알지 못했다는 것이 놀라운 건 아니다. 어셈블리 언어 프로그래밍에 상당하는 그의 생각은 전자식 컴퓨터가 등장하는 1950년대 초에 나타난 것과 정

프로그래밍 인터페이스
서로 다른 두 시스템, 장치, 소프트웨어 따위를 서로 이어 주는 부분. 또는 그런 접속 장치.

서브루틴
프로그램 가운데 하나 이상의 장소에서 필요할 때마다 되풀이해서 사용할 수 있는 부분적 프로그램.

디버그
프로그램 안에 존재하는 오류를 제거하는 작업.

확히 일치하는 것은 아니다. 그럼에도 불구하고 그의 개념화가 어떤 면에서 기본적으로 열등하다고 할 만한 이유는 없다. 어떤 측면에서는 좀 더 추상적이며 좀 더 힘 있고, 그리고 좀 더 일반적이다.

비록 배비지가 정말 단 하나의 해석 기관만으로 끝내려고 하지는 않았을지라도 그는 기계 설계가 거듭 진화할 것이라는 것을 알고 있었다. 이 해석 기관들에 의해 사용되는 포맷 간에 전환이 가능한 전문화된 기계의 필요성을 예견하였다. 배비지는 그의 기계가 이론상으로는 손으로 하던 것보다 훨씬 더 광범위하고 빠른 계산을 가능하게 하리라는 것을 알았다. 실재로 신뢰성이 높고 매우 빠른 기계에 의해서만 가능할 것이었다. 그의 초기 연구에서 신뢰성은 톱니바퀴가 너무 빠르게 돌지 않게 해야 가능하다는 것을 알았다. 전반적인 속도는 미숙한 힘보다 영리한 설계에 의해 성취될 수 있는 것이다. 이것이 배비지가 예상 운반자와 숫자표에 의한 곱셈과 같은 시간 절약 방법에서 탐구했던 바이며 그의 그 뛰어난 독창성을 이끌었던 것이다.

1830년대 후반의 기계 설계에서 자릿수가 40인 숫자 둘의 덧셈에는 약 19초가 소요되었다. 그러나 이러한 계산 중 많은 것은 실제적인 덧셈 작업 전이나 후에 차분 부분들 간에 숫자들을 이리저리 움직이는 것을 포함했다. 배비지는 연속해서 두 개 이상의 덧셈이 실행될 때, 어떻게 다른 차분 작동 부분들을 중복할 것인가를 알아냈다. 이렇게 해서 같은 방식의 덧셈이 3.1초 만에 이루어졌다.

곱셈과 나눗셈은 정교한 논리 설계에 의해 유사하게 시간을 단축시켰다. 그 시간은 숫자들 안에서 자릿수에 의존했던 것이다. 20자리 숫자를 40자리 숫자로 곱하는 경우(최근의 표준에 의하면 매우 높은 수준의 정확도이다)를 택해보자. 각각 3.1초 걸리는 덧셈을 지속함으로써 수월한 단계와 덧셈을 거쳐 걸린 시간은 거의 8분에 가까웠다. 배비지는 이것을 최소 2분까지 줄일 수 있었다. 오늘날, 마이크로프로세서는 초당 수백만 개의 덧셈을 해내는데, 2분은 믿을 수 없을 정도로 느린 것이다. 그러나 전자식 컴퓨터가 나오기 한 세기 이상 전에 그것은 놀라운 성취였다.

마침내 배비지는 기계의 속도가 변수들이 표현되는 수적 기초에 영향을 받는다는 사실을 깨달았다. 배비지의 설계는 우리에게 친숙한 십진법, 즉 기초수 10을 사용하는 시스템으로 시작되었다. 그러나 그는 또한 이진법(기초수 2)에서 100진법(기초수 100)에 이르기까지 다른 표현법들을 고려했다. 그러나 이러한 것들이 결코 실행을 향상시키지 않았기 때문에, 항상 십진법식 설계로 돌아왔던 것이다. 현대의 컴퓨터는 본질적으로 모두 이진법이다. 왜냐하면 구축된 전자 장비들이 단지 두 가지 기초 상태 즉 온(on)과 오프(off)로 이루어졌기 때문이다. 이것은 톱니바퀴의 경우에는 적용되지 않는다. 이진법을 기계식 컴퓨터에 사용하는 것은 기계 부분들에 있는 숫자들과 크기를 증가시키고 속도를 느리게 만들 것이다. 배비지는 신중하게 설계를 선택함으로써 십진법을 택했던 것이다.

철학자의 일생에서 듣는
은밀한 이야기들

6

1860년 런던에서 개최된 제4회 세계통계학술대회에서 찍은 사진. 당시 배비지는 68세였다.

1861년 일흔의 나이에 접어든 배비지는 자신도 결국은 죽음을 맞게 될 것이라는 사실을 점점 더 의식하게 되어 회고담을 쓰는 데 시간을 쏟기 시작했다. 그의 회고담은 1864년 『한 철학자의 일생에서 듣는 은밀한 이야기들』이라는 제목으로 출간되었다. 시대 순을 따르지 않고 주제별로 쓴 이 책에는 우리가 그의 생애를 조명할 때 흔히 사용하는 많은 일화들이 소개되어 있다.

배비지와 휴얼의 논쟁

배비지는 스스로를 철학자라고 생각했다. 자신의 활동 영역이 그의 청년 시절의 연구에 영감을 준 수학이라는 좁은 범위를 훨씬 뛰어넘고 있었기 때문이다. 그 당시에 자연철학이라는 용어는 배비지가 관심을 가졌던 천문학, 물리학, 지리학, 화학을 통칭하는 말로 사용되었다. 1840년이 되어서야 비로소 케임브리지 대학교 트리니티 칼리지의 한 교수가 과학 연구 활동에 종사하는 사람들을 칭하여 '과학자'라는 용어를 제안했다. 그는 윌리엄 휴얼이다.

휴얼은 그 다음 해에 트리니티 칼리지의 학장이 되었고, 빈번하게 배비지와 마주치며 때때로 서로 논쟁을 벌였다. 1830년대에 휴얼은 다른 7명 학자들과 함께 하나님의 권능과 지혜, 선하심이 창조의 전 과정에 걸쳐서 증명되었음을 보여 주는 책들을 써달라는 청탁을 받았다. 그 책들의 출판은 브리지워터 백작이 남긴 8천 파운드의 유산으로 후원되었다. 브리지워터 백작은 과학적 발견이 종교적 믿음을 강화한다는 견해를 가졌던 인물이다. 휴얼은 천문학과 물리학에 관한 책을 썼다. 과학자이면서 성직자였던 휴얼은 수학자들의 작업이 하나님에 대한 인간의 이해를 깊게 하는 데 사실상 기여하지 않았다는 견해를 피력했다.

배비지는 이런 견해에 강력하게 반대하여 논박하는 책을 썼다. 1837년에 자비로 『제9의 브리지워터 논고』라는 책을 출간했다. 기적이나 지구의 나이와 같은 논쟁점들을 주제로 삼아, 다른 이들이 성경에서 도출한 것과 동일한 결론들을 수학적 추론을 이용해 이끌어 냈다. 그는 옛 친구 휴얼이 수학의 가치를 조금이라도 깔보는 것을 그냥 보아 넘기지 않았다.

보수주의 과학자들과의 충돌

예전에 배비지와 또 다른 친구로 조지 비델 에어리가 있다. 그는 1835년에 잉글랜드의 궁정 천문학자가 된 인물이다. 에어리는 배비지보다 나이는 어렸지만 그보다 먼저 케임브리지 대학교의 루카스 석좌 교수직을 지냈다. 하지만 에어리는 천문학자로서 좀 더 보수가 좋은 자리를 얻기 위해서 겨우 2년 만에 그 자리를 사임했다. 에어리와 휴얼은 배비지에 비해 더 많은 후원을 정부로부터 받았다. 그들은 그 당시 대부분의 총리들이 신봉했던 보수적 입장을 견지했다. 에어리는 궁정 천문학자로서 정부에 대해 최고

에어리(1801~1892)
영국의 천문학자·지구 물리학자. 그리니치 천문대장으로, 관측 기계를 발명·개량하여 위치 천문학에 공헌했으며, 지각 균형설을 제창했다.

영국의 천문학자였던 조지 버델 에어리. 배비지의 경쟁
자였던 그는 빛에 대한 연구와 지구의 운동에 관한 연구
에 공헌했다.

과학 자문역이 되었다. 그는 철도 표준 계량자를 연구하는 정부 위원회에 임명되었는데, 배비지가 지지한 브루넬의 7척 계량자에 대해 강하게 반대했다.

배비지는 과학진흥협회에서 개최하는 연례회의가 있을 때마다 과학자들과 기업가들 사이에 접촉을 증진시킬 것을 요구했다. 때문에 모임이 있을 때마다 기업의 생산품 전시를 제안했다. 이것은 또한 과학자들이 산업의 발전에 참여하도록 고무하려는 것이었다. 휴얼과 에어리 같은 보수적 인물들은 그런 접촉을 반대했다. 당시는 그들의 영향력이 지배적이었다. 배비지는 1839년에 과학진흥협회의 평의회 의원직을 사임했다. 그 결정에는 분명히 휴얼의 비평이 일조했을 것이다. 배비지는 자신이 내세우는 산업 과학의 목표에 더 다가서기 위해 1837년 과학진흥협회의 회의를 산업의 거대 중심지인 맨체스터에서 개최할 것을 권고하기 위해 다른 과학자들과 힘을 합쳤다. 누군가 맨체스터의 매력은 그 도시가 통계학적 사회라는 데 있다고 지적했다. 휴얼은 바로 그 점이 맨체스터로 가서는 안 되는 매우 적절한 이유라고 말했다.

대박람회에 대한 조언

1851년, 배비지는 휴얼과 에어리 같은 사람들을 향해 분노를 터뜨릴 기회를 잡았다. 1840년대 내내 빅토리아 여왕 부군의 친구들이 영국의 우월성을 표시하기 위해서 산업 생산품의 국제 전시회를 후원할 것을 촉구했다. 프랑스는 그런 전시회를 1800년 이후 5년마다 개최하고 있었다. 1851년에는 대박람회가 계획되어 있었다. 마침내 영국이 분발함에 따라, 배비지는 자신의 관심과 경험으로 미루어 자신에게 자문을 구하리라고 예상했다. 사실 박람회 위원회에 참여하고 있던 그의 친구인 라이언 플레이페어가 배비지의 이름을 거론했다. 하지만 정부 관료들은 나이든 과격한 과학자와 더 이상의 거래를 원치 않았다.

배비지는 전형적인 그의 스타일대로 어떤 식으로든 대박람회에 관해 조언을 하기로 결심했다. 그는 『1851년의 박람회 : 잉글랜드 과학자의 견해와 정부의 견해』라는 제목으로 200쪽 분량의 책을 출간했다. 배비지는 전시장을 설립할 부지에 관해 분별력 있는 권고를 했으며 건물 안에 488미터의 궤도를 설치해 관람객들이 전시물을 좀 더 용이하게 관람할 수 있도록 할 것을 제안했다. 또한 그는 여러 쪽을 할애해서 궁정 천문학자인 에어리를 신랄하게 비판했다. 이 사람은 '모든 과학적 문제에 있어서 정부를 대변하는 총심판관을 자처하고 싶어한다'고 적었다. 에어리가 이것저것 너무 많은 것을 자기 혼자 하려 하기 때문에 오히려 그의 주요 직무인 그리니치 천문대와 항해력에 관한 일을 게을리하고 있다고 지적했다.

대박람회는 조셉 팩스톤이라는 기술자가 만든 휘황찬란한 건축 구조물 속에 자리 잡았다. 원래 정원사였던 팩스

그리니치 천문대

영국의 그리니치에 있는 천문대. 1675년 천문 · 항해술을 연구하기 위하여 창설했으며, 1946년 런던 시의 팽창으로 허스트몬소로 옮겼다. 이 곳을 지나는 자오선이 세계 경도의 중심인 본초 자오선이다.

항해력

항해에 필요한 천문 사항을 기재한 책력. 태양 · 달 · 밝은 행성 및 항성의 매일 매일의 위치가 표로 적혀 있다.

1851년에 열린 런던의 공산품대박람회 전시장으로 세
워진 수정궁전. 이 박람회에는 영국은 물론 외국에서도
참가해 출품자는 1만 4,000명에 가까웠다.

톤은 거대한 온실을 설계했다. 철과 유리로 건축된 이 건물은 이윽고 수정궁전이라고 불리었다. 수정궁전은 일곱 달이라는 짧은 기간 동안 하이드 파크에 세워졌으며, 박람회가 폐회된 후에는 해체되어 런던의 남쪽 지역에 영구적인 장소로 옮겨졌다. 에어리는 대박람회를 개최할 건물에 대해 반대했다. 구조가 빈약하여 강한 바람에 무너질 것이라는 이유를 들었다. 하지만 그가 틀렸다. 그로부터 30년 후에도 에어리는 실수를 범해 재난을 불러왔다. 스코틀랜드의 테이 강 하구 위에 다리를 건설하는 중에 담당 기술자는 예상되는 바람의 하중에 관해 에어리에게 자문을 구했다. 에어리는 평방피트 당 5킬로그램의 하중이 예상된다는 의견을 주었다. 에어리의 의견에 따라 하중을 계산해 설계한 그 다리는 1년 만에 붕괴했다. 다음번에 공사를 맡은 기술자는 독자적으로 측정을 해서 평방피트 당 바람의 하중이 15킬로그램이라고 계산했으며, 평방피트 당 25킬로그램의 하중을 견딜 수 있도록 구조물을 설계했다. 에어리는 연간 1300파운드 이상의 보상을 받는 궁정 천문학자의 자리를 45년간 유지했으며 80세가 되어서야 그만두었다. 배비지는 에어리가 그 자리에 앉아 있는 동안 영국 과학의 위상을 강화하는 데 아무런 기여도 하지 않았다고 느꼈다.

배비지와 에어리의 심각한 충돌

대박람회가 개최되기 이전에, 이미 배비지와 에어리는 왕립천문학회의 평의회에서 심각하게 충돌했다. 논쟁점은 해왕성의 발견을 높이 사기 위해 왕립천문학회에서 매년 시상하는 상을 수여하는 것과 관련된 것이었다. 해왕성의 발견은 뉴턴의 중력 이론을 입증한 위대한 개가였다. 두 명의 수학자가 뉴턴의 중력 이론을 이용해 관측을 통해 확인되기도 전에 해왕성의 위치를 예측해 냈다. 60년 전에 윌리엄 허셜의 발견은 태양에 대해 일정한 궤도를 보여 주지 않았기 때문에 천왕성은 거의 관측되지 못했다. 케임브리지 대학교의 학생이었던 당시 26살의 존 애덤스는 천왕성의 궤도를 교란시킬 수도 있는 미지의 행성 위치를 계산해냈다. 1845년 가을, 애덤스는 자신이 계산해 낸 것을 에어리에게 보냈는데, 에어리는 거의 주의를 기울이지 않았다. 8달 후에, 프랑스의 천문학자인 르베리에가 본질적으로 애덤스와 똑같은 결과를 내어 사본을 에어리에게 하나 보냈다. 에어리는 즉시 답신을 했지만, 애덤스에 관해서는 전혀 언급하지 않았다. 그 당시 에어리는 해왕성을 찾는 일을 서두르지 않았다. 르베리에는 연구 결과를 베를린에 있는 천문대의 게일에게도 보냈다. 게일은 1846년 9월에 편지를 받았고, 그날 밤으로 해왕성의 위치를 확인했다.

1847년 초, 왕립천문학회의 평의회에서 에어리는 휴얼의 지원을 받으며 르베리에에게 협회의 상을 수여하자는

애덤스(1819~1892)
영국의 천문학자. 천왕성의 운동이 불규칙한 데서 해왕성의 존재를 예언했다. 달의 영년 가속의 연구, 지구 자기장의 연구 따위에 공헌했다.

배비지는 영국 과학계의 위상에 대해 매우 비판적이었
으며 특히 학자 집단들의 행태에 대해 신랄히 비판했다.
이것은 그가 프랑스와 프러시아의 과학학회들을 높이
평가한 것과 대조를 이룬다. 이 증서는 배비지가 프랑스
통계학회의 명예회원임을 증명한다.

안에 반대했다. 배비지는 애덤스와 르베리에 모두가 똑같이 중대한 공헌을 했다고 믿었다. 그래서 그는 1846년 상은 르베리에에게 주고(연구 결과를 먼저 출간했다) 1847년 상은 애덤스에게 주자고(먼저 연구를 해냈다) 제안했다. 하지만 평의회는 1847년에는 수상자를 정하지 않는다는 타협을 최종적으로 채택했다. 그리고 1848년에는 한 명에게 메달을 수여하는 대신에 12명에게 표창을 수여하기로 했다. 그들 가운데 일부는 별로 기여한 것이 없는 사람도 있었다. 그 12명에는 에어리와 애덤스, 르베리에가 포함되어 있었지만 게일은 명단에 없었다. 이 더러운 에피소드의 마지막을 장식하는 우스꽝스런 사례는 에어리가 궁정 천문학자로서 직무를 수행한 공로로 1846년에 협회 상을 이미 수상했다는 것이다. 분명히 배비지는 에어리가 궁정 천문학자로서의 직무를 다하지 않았다고 믿었다.

해양 안전을 위한 명멸등 고안

쉼 없이 활동하는 정신의 소유자인 배비지는 자신의 재능을 끊임없이 사용해 사회에 이득을 주었다. 1851년, 그는 해양 안전을 증진시키는 방법을 생각해 냈다. 해안을 운항할 때 선장들은 종종 해안에 설치된 등불을 통해 자신들의 위치를 결정하는 데 도움을 받았다. 그러나 어떤 지역에서는 등불이 너무 많아서 선장들을 혼란시키고도 남았다. 배비지는 등대나 항구 표시등처럼 불빛을 제어함으로써 각각의 등불을 식별할 수 있는 방식을 제안했다. 그는 각각의 등불이 단속적으로 번쩍이게 함으로써 각각이 독특한 숫자를 나타나게 만들고 싶었다. 배비지는 자신의 전형적인 스타일대로 신호 전달 메커니즘을 고안한 것이다. 그가 쓴 보고서의 한 문단을 살펴보면, 차분 기관의 설계들에서 얻은 원리를 적용하고 있다는 것을 알 수 있다. 기본 아이디어는 등불을 구멍이 하나 뚫려 있는 원통 속에 집어넣는 것이다. 그 원통을 올렸다 내렸다 하면 불빛이 차단되었다 노출되었다 할 것이다. 배비지는 이렇게 적었다.

…… 〔제어하는〕톱니바퀴는 상당히 정밀해야 한다. 등대의 경우에 동력은 일련의 톱니바퀴들을 움직이는 중요한 것이다. 톱니바퀴의 구동은 조속기까지 이어져야 한다. 조속기는 용수철을 통해서 원통 내부에 압력을 가한다. …… 조속기는 어떤 한 축이 주어진 시간 안에 회전하도록 조절되어야 한다. 캠 톱니바퀴는 이 축에 고정되어 있어야 한다. 적절한 시간 간격을 두고 등불을 감추는 원통을 운반하는 레버를 들어 올리도록 캠과 빈 공간이 캠 톱니바퀴에는 있다. 캠 톱니바퀴의 톱니들 각각은 원통으로 등불을 숨기는데, 원통은 스프링을 통해서 즉시 뒤로 당겨지도록 되어 있다.

조속기
원동기에서, 하중의 증감에 따라 회전 속도를 일정하게 조정하는 기계. 동력식, 관성식, 중계식 따위가 있다.

배비지는 이 시스템의 모델을 제작하여 자기 집 창문에 설치했다. 또한 명멸등에 관한 제안서를 여러 나라 정부에 보냈다. 등대와 부표를 담당하는 영국의 단체는 분명히 아무런 반응도 보이지 않았다. 하지만 1853년에 배비지가 브뤼셀에서 그 모델을 시연하자 러시아의 해군 장교가 큰 관심을 보였다. 러시아는 영국과 프랑스를 상대로 싸웠던 크림 전쟁 기간 동안 배비지의 명멸등의 원리를 이용했다. 미국 또한 배비지의 시스템에 관심이 있었다. 미국 의회는 배비지 시스템의 연구에 5,000달러를 지원하도록 승인했다. 미국은 실험을 도와줄 수 있도록 그를 초청하기 위해 대표단을 파견했다. 배비지는 상당한 유혹을 느꼈지만, 다른 작업들이 많이 쌓여 있어서 초청을 거절했다. 우연이지만 그로 인해 배비지는 자신의 목숨을 구했다. 왜냐하면 미국으로 가는 배가 뉴펀들랜드 해안을 벗어나서 다른 배와 충돌하는 사고가 일어났기 때문이다. 이 사고로 그의 친구를 비롯해 많은 수의 승객들이 목숨을 잃었다.

1850년대 초반까지, 배비지는 해석 기관 연구를 위한 공동 작업은 그만두었어도 에이다와 러브레이스 경과는 우정을 계속 나누었다. 에이다는 좀 더 위험한 일들에 손을 대기 시작했으며 경마에 돈을 걸기 위해 상당한 금액의 대출 계약서를 작성했다. 그리고 1850년경에 그녀는 자궁암으로 심각한 상태가 되었다. 에이다는 재정적 조언을 구하기 위해 배비지를 찾아왔다. 그는 할 수 있는 한 그녀를 도왔지만, 그녀는 냉혹한 어머니의 통제를 벗어날 수 없었다. 에이다는 1852년 36살의 나이에 생을 마감했다. 에이다의 의지를 꺾으려는 그녀 어머니의 강압은 매우 쓰라린

명멸등
불이 켜졌다 꺼졌다 하여 먼 곳에서도 눈에 띄도록 해 놓은 등.

부표
배의 안전 항해를 위하여 설치하는 항로 표지의 하나. 암초나 여울 또는 침선 따위의 존재를 알리기 위하여 해저에 장치하여 해면까지 사슬로 연결하여 띄운다.

상황을 만들어 낸 것이다. 배비지와 러브레이스 가문과의 관계는 끊겼다.

기계적 부호법과 슐츠 엔진

1854년, 아들 헨리가 3년간의 휴가를 얻어 인도에서 돌아와 배비지를 행복하게 해주었다. 그는 아들과 며느리를 따뜻하게 반겼으며 손자들을 위해 안락한 유아방도 따로 마련해 주었다. 배비지는 아들에게 했던 것과는 달리 많은 애정을 손자들에게 베풀었다. 동시에 그는 아들 헨리와 좋은 친구가 되었다. 부자는 파티에 함께 참석하고 잉글랜드의 이곳 저곳을 함께 여행했다. 또한 헨리는 아버지를 돕기 위해 수학 연구를 했다.

바로 그 시절에 스위스의 한 기술자가 계산 기계를 잉글랜드로 가져왔다. 1834년에 조지 슐츠는 배비지의 차분 기관을 묘사한 기사를 읽었다. 그는 차분 기관을 혼자 힘으로 만들어 보겠다고 결심했다. 그는 작동 가능한 차분 기관을 설계하고 제작하기 위해 여러 해 동안 아들과 함께 작업했다. 스위스 정부의 우연한 지원으로 그들 부자는 마침내 성공을 거두었다. 그들은 배비지의 것과는 매우 다른 다수의 기계적 원리들을 이용했다. 슐츠 부자는 배비지가 자신들이 이룬 결과를 어떻게 볼지에 관해 걱정을 했다. 물론 그들은 걱정할 필요가 없었다. 배비지는 그들을 열광적으로 지원했던 것이다. 배비지는 그 부자의 엔진이 1855

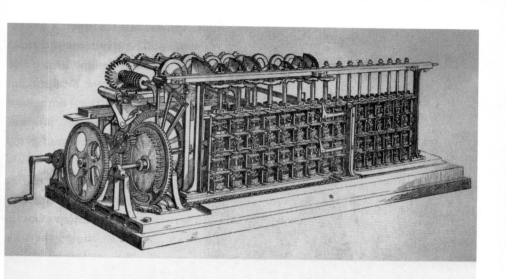

스웨덴의 슐츠 부자가 만든 계산기. 배비지의 차분 기관에 비하면 매우 조잡했지만 처음으로 계산 결과를 인쇄해 냄으로써 배비지가 그렇게 추구했던 정밀성이 언제나 필요한 것이었는지에 대해 의문을 던지게 했다.

년 파리 박람회에서 금상을 수상할 수 있도록 도와주었다. 잉글랜드에서 헨리는 아버지의 기계적 부호법을 이용해 슐츠 엔진을 활용하는 두 가지 커다란 계획을 세웠다. 하나는 길이 4미터, 넓이 4미터짜리 엔진을 만드는 것이었다. 1855년에 에든버러에서 열린 과학진흥협회 회의에서 헨리는 기계적 부호법과 슐츠 엔진의 작동을 주제로 강연을 했다.

배비지의 친구인 브라이언 돈킨이라는 공학자는 그 기계의 복제품을 제작했다. 그 기계는 나중에 잉글랜드 정부에서 수학표를 인쇄하는 데 사용된다. 원본 슐츠 기계는 한 미국인이 구입했다. 그는 뉴욕 주 알바니에 있는 더들리 천문대에 그 기계를 설치했다. 배비지는 슐츠 부자를 향한 자신의 큰 호의를 증명이나 하듯이 1856년에는 왕립학회에 조지 슐츠에게 그해의 과학상 가운데 하나가 수여되어야 한다고 제안했다. 그 제안은 수용되지 않았다.

배비지의 말년과 죽음

1856년 말, 헨리의 휴가 기간이 끝났다. 배비지는 아들 가족을 정답게 배웅하고 애석한 마음을 가지며 텅 빈 집으로 돌아왔다. 배비지 가족의 행복한 간주곡은 끝났다. 배비지는 해석 기관 연구에 다시 몰두했고, 의미 있는 개선을 이루어 냈다. 비록 기계를 제작하는 데 성공하지는 못했지만, 배비지의 마지막 설계는 1940년대와 1950년대에 다시 고안되는 범용 컴퓨터의 개념에 훨씬 더 근접하게 해줄 원리들을 구현하고 있었다.

배비지의 친구이면서 그의 전기를 처음으로 쓴 해리 벅스톤은 그 선지자에 대해서 이렇게 적고 있다.

'그는 교육받은 여성의 사회를 추구하고 육성했으며, 그는 그런 여성들의 우아한 교양과 그녀들과의 생생한 대화를 일상의 고된 연구의 청량제로 삼으려고 했다'

말년에 배비지는 오랜 친구의 딸인 제인 하리 텔레키와 편지를 주고받았다. 1863년 그녀가 이탈리아의 토리노에 잠깐 머물렀을 때, 그녀는 배비지로부터 받은 노트를 그 당시 토리노의 영향력 있는 정부 관리였던 메나브레아에게 전달했다. 그는 지체 없이 일을 중단하고 존경하는 배비지 선생의 친구를 환대했다.

우리는 제인에게 쓴 편지를 통해 노년의 배비지 모습을 어렴풋이 짐작할 수 있다.

어여쁜 어린 놈을 집에 들여놓아서 적막함이 어느 정도 사라졌다. 그 녀석은 매일 아침 식탁에서 즐거운 인사로 나를 맞아 주었다. 내가 작업실에서 일하는 동안에 그 녀석은 내 옆에 조용히 앉아 있었으며, 저녁이 되면 "폴리는 자고 싶다."고 말해서 일을 그만두고 휴식을 취할 시간임을 고상한 방법으로 내게 상기시켰다. 그러면 나는 벨을 울리고 하인이 들어와 그 녀석의 새장을 장막으로 덮어 저 멀리 또 다른 세계를 꿈꿀 시간을 마련해 주었다.

서머싯 공작부인 마가렛은 배비지와 제인 모두와 친구였다. 마가렛은 배비지의 오랜 친구였던 서머싯 공작 에드워드 시모어의 두 번째 부인이며 이제는 미망인이었다. 말년에 배비지와 마가렛은 서로의 동료와 어울렸다. 한번은 그녀가 배비지를 저녁 식사에 초대하면서 다음과 같은 초대의 글을 써 보냈다.

'부디 오셔서 터키 특사와 방금 도착한 스페인 특사, 그의 아름다운 부인을 만나보시길 바랍니다 - 그리고 다음 주 목요일인 10월 5일 8시에 이곳에서 만찬이 있으니 참석하셔서 우리의 훌륭한 친구인 댈후지 경이 보내준 사슴의 커다란 엉덩이 살을 맛보시길 바랍니다. 부디 반가운 답신을 보내 주시길……'

배비지는 1871년 10월 18일에 세상을 떠났다. 여든 번째 생일이 지난 지 얼마되지 않아서였다. 또 다시 휴가를 나온 아들 헨리와 처남이자 동창이었던 에드워드 라이언이 그의 임종을 지켰다. 가족들과 몇 명의 친구들이 그의 관을 묘지까지 운구했으며 서머싯 공작부인의 마차 한 대가 뒤를 따랐다.

묘비에는 1870년 배비지를 방문한 적이 있는 워싱턴 스미소니언 재단의 책임자였던 조셉 헨리가 적절한 비문을 써넣었다.

유럽과 아메리카의 수많은 공장들과 작업장에서 사용되는 수백 가지의 기계 장치들, 광업과 건축 분야, 교량 건설과 터

널 굴착 작업에서 편리하게 사용되
는 그 많은 창의적인 수단들, 작업에
효율을 가져다주고 기술을 향상시키
는 데 기여한 수많은 도구들, 이 모
든 것이 황무지를 옥토로 바꿔 놓을
만큼 풍부한 한 사람의 정신에서 흘
러나온 것이다. 바로 찰스 배비지에
게서 비롯되었다. 아마도 그는 세상
에 나왔던 그 누구보다도 과학과 실
제적인 기계학 사이의 간격을 좁혀
놓았다.

맨발의 신문팔이 소년이
배비지의 사망 소식을
다룬 1871년 10월 21일
자 〈폴 몰 신문〉을 광고
하는 벽보를 들고 있다.

THE
BABBAGE
ENGINE
PROJECT

The
Science Museum
ilds a 19th century
'computer'

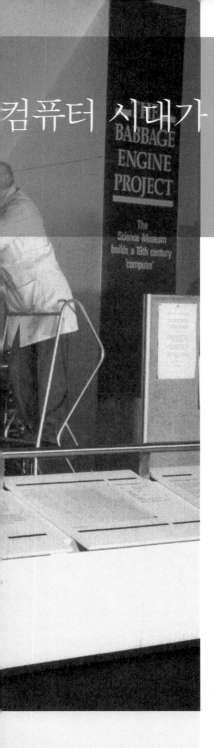

BABBAGE
ENGINE
PROJECT

The
Science Museum
builds a 19th century
'computer'

1991년 공학자인 홀로웨이(왼쪽)와 레그 크릭(오른쪽)이
런던과학박물관의 배비지 엔진 기념 사업의 일환으로 배
비지의 차등 엔진 2호의 계산 부분을 조립하고 있다.

1821년, 배비지는 수학표를 기계적으로 산출할 날을 꿈
꾸었다. 50년 후에 그가 세상을 떠났을 때, 규칙적인
방식으로 수학표를 산출할 수 있는 배비지 엔진은 없었다.
그는 자신의 꿈을 실현시키지 못했다. 그러나 그 꿈이 실
패한 꿈이라고 단정하는 것은 잘못이다.

어느 철학자의 꿈

배비지는 자신이 파악한 것을 뛰어넘어서 나가는 비현
실적인 기술자가 아니었다. 그는 수학적 관계를 기계적 형
식으로 현실화하는 방법을 탐색한 창조적인 과학자였다.
앞에서 보았듯이, 배비지가 만든 기계의 많은 부분과 구성
부품들은 실제로 어려운 문제들을 풀어낸 매우 창조적인
해결책이었다. 이미 밝혀진 사실처럼, 배비지의 꿈의 최종
적인 실현은 그 당시에는 사용할 수 없었던 전기 및 전자
메커니즘에 달려 있었다. 배비지 자신도 핵심을 인식하고
있었다. 그는 『어느 철학자의 일생에서 듣는 은밀한 이야
기들』에서 이렇게 적고 있다.

해석 기관의 토대가 되는 위대한 원리들은 검토되고, 승인되
고, 기록되고, 증명되었다. 그 메커니즘 자체는 매우 단순해
졌다. 아마도 반세기는 지나야 내가 남겨둔 도움 없이도 누
군가 작업에 착수할 것이다. 만일 수학적 분석의 실행 부분
전체를 나와는 다른 원리들을 토대로, 또는 나보다 더 단순

한 기계적 수단에 의해서 독자적으로 구현하여 실제로 구성하려 하고 또 성공한다면, 나의 명성을 그의 손에 맡긴다고 해도 아깝지 않다. 왜냐하면 그 사람만이 내 노력의 본성과 그 결과의 가치를 충분히 인정할 능력이 있는 사람이기 때문이다.

배비지는, 비록 앞으로 다가올 기술적 전환에 대해서는 예견하지 못했지만, 그렇게 되는 데는 25년 이상이 걸렸기 때문에 '반세기'라고 한 그의 말은 틀리지 않았다.

기계식 계산의 발전

도안과 기계 장치 등 배비지의 유품들은 아들 헨리에게 남겨졌다. 헨리는 인도 근무를 마치고 돌아와 1889년에 아버지의 논문과 주석들을 모으고 자신의 글을 덧붙여서 『배비지의 계산 기계』라는 제목으로 책을 출간했다. 또한 그는 이미 제작되어 있던 부품들을 이용해서 6종의 차분 기관 시연 모델을 구성했다. 그는 그 모델들을 여러 나라의 대학들에 나누어 주었다. 그렇지만 이런 노력에도 불구하고 그 이상으로 진전된 중요한 업적을 유도해 내지는 못했다. 배비지의 작업을 익히 알고 있던 사람들은 '만일 배비지가 못했으면, 아무도 할 수 없다'라고 생각하는 것 같았다.

기계식 계산은 점차적으로 발전했다. 드 콜마르의 초기 계산기는 1867년 파리 박람회에 전시된 이후로 상업적인

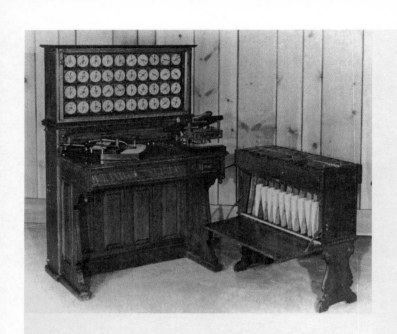

홀러리스 도표 작성 기계는 작은 전기 변환기를 이용해
천공 카드에 난 구멍으로부터 데이터를 읽는다. 1924년
에 홀러리스의 회사는 다른 회사들과 합병하여 아이비
엠(IBM)이라는 회사를 탄생시켰다.

성공을 거두었다. 1885년 미국에서는 윌리엄 버로스가 현금 출납기 및 여타 계산기의 토대가 된 인쇄식 덧셈 기계를 선보였다. 처음에는 수동 크랭크로 구동되던 이 기계들이 마침내는 전기 모터를 달았다. 허만 홀러리스의 천공 카드 도표 작성 기계는 1900년대 초반에 유명한 물건이었다. 1924년에 홀러리스의 회사는 다른 회사들과 합병하여 아이비엠(IBM)이라는 회사를 탄생시켰다.

천공 카드 도표 작성 기계는 20세기 전반기에 상당히 발전했으며, 산술 기계 역시 그랬다. 두 기계는 일차적으로 상업용으로 응용하기 위해 고안된 것이었지만 과학 계산 영역에서도 채택될 수 있었다. 영국과 미국에서 상업용 기계들은 차등 엔진의 역할을 하도록 개조되어 수학표와 천문학표를 계산하는 데 사용되었다. 미국과 독일의 연구자들은 단순히 전자 기계 장치라기보다는 전자 계산 장치에 대한 실험을 시작했다.

프로그램식 범용 컴퓨터의 발전

배비지의 것과 비슷한 정도로 복잡한 기계를 제작하겠다는 첫 번째 제안서는 1937년 하버드 대학교의 물리학자인 하워드 에이컨이 프로그램식 전자 계산 기계를 착안하면서 제출했다. 에이컨은 미국 해군의 관심을 끌어 자신의 기계를 지원하도록 했다. 아이비엠이 그 기계의 설계와 제작을 맡았다. 이 기계는 1944년에 완성되었으며 흔히 마

마크I 컴퓨터는 초기의 전기 역학적 컴퓨터이다. 하워
드 에이컨의 지시 하에 1944년에 하버드 대학교에서 조
립되었다.

크I 컴퓨터라고 불린다. 마크I 컴퓨터는 높이가 15.5미터나 되었으며, 크기는 그보다 더 컸다. 하지만 배비지가 제안했던 어떤 기계들보다도 성능을 떨어졌다. 배비지의 차분 기관처럼 수학표를 계산하고 인쇄하는 것을 일차적인 용도로 생각하여 설계되었으며 그렇게 이용되었다. 마크I 컴퓨터는 해석 기관에 근접할 만큼 유연성 있게 프로그램될 수 있는 것도 아니었다.

에이컨의 기계가 작동되기 시작하긴 했지만 아직 완성되기 전에 제2차 세계 대전이 터졌다. 전쟁은 전자 공학을 실제적인 문제와 계산 문제에 광범위하게 적용하는 일을 크게 가속시켰다. 레이더가 가장 좋은 보기이다. 또 다른 보기는 최근까지도 극비에 부쳐져 있던 콜로서스라는 기계이다. 영국에서 설계, 제작된 이 기계는 독일의 암호 생성기로 작성한 암호문을 해독하기 위해 개발된 것이었다. 콜로서스의 설계에 참여한 핵심 인물이 앨런 튜링이다. 그역시 컴퓨터 이론의 발전에 공헌한 선구자였다.

이 기계들 가운데 어떤 것도 현대적인 의미에서 프로그램식 범용 컴퓨터는 아니었다. 이런 명칭을 요구라도 할수 있는 최초의 기계는 1943년에서 1945년 사이에 펜실베이니아 대학교에서 개발된 에니악이다. 에니악은 마크I 컴퓨터처럼 처음에는 표 계산을 목적으로 고안되었다. 물론 에니악의 경우에는 다양한 종류의 무기를 발사하는 데이용하기 위해 포병용표를 계산하는 것이 목적이었다. 그러나 에니악은 범용 기계라고 하기에는 프로그램이 너무

에니악
1946년에 미국 펜실베이니아 대학에서 만든 세계 최초의 전자식 컴퓨터.

프레스터 에커트 박사가 표 계산을 목적으로 공동 개발
한 에니악 컴퓨터를 시연하고 있다. 에니악은 마크I 컴
퓨터보다 속도는 훨씬 빨랐지만, 프로그램하기가 너무
어려웠으며 오늘날의 컴퓨터처럼 범용 기계로 쓰기에는
기억 용량이 모자랐다.

어려웠으며 기억 용량도 매우 부족했다.

진정으로 범용 컴퓨터라고 할 수 있는 것은 에니악 바로 다음 세대에서 나타났다. 설계자들은 원칙적으로 다른 어떤 것이라도 모방할 수 있는 하나의 컴퓨터를 이용해서, 한 세기도 더 이전에 배비지가 분명하게 공식화했던 개념을 마침내 파악했다. 여기 해당하는 기계는 네 종이 있었다. 에니악을 바로 이은 에드박, 매사추세츠 공과대학에서 개발된 월윈드, 케임브리지 대학교에서 개발된 에드삭, 그리고 프린스턴에 소재한 고등과학연구소에서 존 폰 노이만의 지휘 하에 개발된 IAS 컴퓨터 등이 그것이다. 이후에 이루어지는 컴퓨터의 거의 모든 발전은 이 컴퓨터들을 제작하는 사업에서 흘러나왔다.

배비지—컴퓨터 시대의 밑거름이 된 선구자

배비지의 작업은 그의 뒤를 이은 사람들과 컴퓨터의 실제적인 등장에 어떤 영향을 끼쳤을까? 그 대답은 만족스럽지는 않겠지만 간단하다. 그것이 그렇게 분명하지 않다는 것이다. 홀러리스는 비록 자카드 직기에 익숙했었던 것 같지만 해석 기관에 관한 지식으로부터 천공 카드 도표 작성을 도출하지는 않았다. 다른 한편으로 20세기에 전자 기계식 차분 기관을 고안해 낸 사람들은 분명히 배비지의 초기 작업을 의식하고 있었으며 자신들 스스로를 배비지의 기술적 계승자로·여기고 있었다. 하지만 그들 역시 자신들이 제작한 기계의 세부적인 사항들을 배비지가 했던 작업으로부터 도출하지는 않았다.

에이컨은 작업의 아주 초기부터 배비지를 의식하고 있었던 것은 분명하지만, 그 영향의 성격을 판단하기는 어렵다. 계산 기계를 제작하겠다는 에이컨의 최초 생각이 해석 기관에 대한 지식으로부터 영감을 받은 것인지 여부, 혹은 그의 생각이 싹트기 시작한 이후에 어떤 사람이 해석 기관에 대해 그에게 얘기해 주었는지 여부에 대해서 알려진 바가 없다. 하지만 마크 I 컴퓨터 제작을 위해 처음에 작성한 제안서에는 차분 기관과 해석 기관에 관해 상당히 길게 적고 있다. 첫 번째로 출간된 마크 I 컴퓨터에 관한 책은 배비지의 작업을 길게 설명하는 것으로 시작했으며, 해석 기관의 설계 원리들을 칭찬했다. 실제로 영국의 일급 과학 전문지에서 그 책에 관한 서평을 실었을 때, 그 제목이 〈배비지의 꿈이 실현되다〉였다.

하지만 에이컨은 배비지 작업의 세부적인 부분에서는 강한 영향을 받지 않았다는 것 또한 분명하다. 에이컨은 배비지의 자서전을 읽었으며 『배비지의 계산 기계』라는 책을 읽었는데, 이 책에는 메나브레아, 러브레이스, 배비지의 글을 포함하여 해석 기관에 관해 발표되었던 사실상의 모든 글들이 재수록되어 있었다. 그는 프로그램식 범용 계산 기계의 아이디어를 이 글들로부터 이끌어 냈을 수도 있다. 만약 그렇게 했다면, 그는 그것을 충분히 이해하지 못했거나, 그것을 완전히 구현하는 것이 불가능하다고 느

하워드 에이컨(오른쪽)이 second-ever 계산을 실행하고 있는 마크I 컴퓨터의 타이프라이터들 가운데 한 대를 점검하고 있다. 에이컨과 같이 있는 사람들은 마크I 컴퓨터의 제작 과정을 지휘한 로버트 캠벨(가운데)과 광학 기계 상인 제임스 베이커(왼쪽)이다.

겼을 것이다. 왜냐하면 마크 I 컴퓨터의 프로그램 능력과 유연성은 해석 기관에 비해 매우 열등했기 때문이다.

더욱이 그가 이용할 수 있었던 출간된 자료들은 해석 기관을 매우 추상적으로 묘사하고 있었다. 배비지가 그린 상세한 도해나 제작 노트에 기록돼 있는 것 말고 실제 기계에 관한 묘사나 배비지가 씨름한 끝에 선택한 많은 부분의 기본적 설계에 대해 전혀 적혀 있지 않았다. 기술이 전혀 없었다. 그리고 에이컨은 배비지의 도해나 제작 노트를 구할 수 없었다. 에이컨의 작업을 이어서 계속한 연구자들 또한 그것들을 얻을 수는 없었다. 전쟁 중에 시가지 폭격 때 파괴되지 않도록 하기 위해서 전부 제2차 세계 대전 초기에 커다란 나무 상자에 넣어져 런던에서 멀리 떨어져 있는 시골로 보내졌기 때문이다. 그것들은 1968년까지는 되돌아오지 않았으며 그래서 누구도 이용할 수 없었다.

그러니까 해석 기관은 에이컨의 작업에서처럼 컴퓨터의 일반 개념을 형성하는 데 영감을 주고 고무하기는 했지만, 컴퓨터가 마침내 등장했을 때 컴퓨터의 제작 설계에는 거의 영향을 미치지 않았거나, 설령 영향을 미쳤다고 하더라도 직접적인 영향을 주지는 못했다. 에이컨의 작업은 그 이후의 연구자들에게 어느 정도 영향을 주었지만, 주된 자극은 제2차 세계 대전 중에 등장한 새로운 무기들과 과학을 전투에 적용한 새로운 응용들로 인해 엄청난 양의 계산을 해야 하는 필요성이 커진 상황이었다. 이런 상황들이 재능 있는 많은 과학자와 수학자, 공학자들을 자동 컴퓨팅

배비지를 기념하기 위해 1991년에 영국왕립우편국에서
특별히 발행한 우표. 배비지는 그 당시 그의 작업에 대
한 세인들의 인식이 부족했던 탓에 되풀이해서 좌절감
을 맛보아야 했다.

이라는 갑자기 등장한 긴급한 문제로 유혹했다. 아마도 그들의 작업은 비록 그들이 배비지나 에이컨에 대해 전혀 들어보지도 못했다고 하더라도, 실제 역사적 사실과 다르지 않게 진행되었을 것이다.

하지만 제대로 작동하는 완전한 컴퓨터들을 최초로 제작한 사람들은 배비지가 원리상으로는 그들과 똑같은 기계를 발명했다는 점과, 전자식 컴퓨터의 세부적인 부분에 대해서는 배비지에게 공을 돌릴 수는 없지만 그가 그들의 지적 정신적 조상이었으며 새로운 컴퓨터 시대의 밑거름이 된 영웅적 선구자였다는 사실을 인정했다.

1791년	12월 26일에 남부 런던에서 출생.
1810~1814년	케임브리지의 트리니티 대학에서 수학.
1812~1814년	케임브리지의 분석학회의 창립 회원.
1814년	조지아나 휘트모어와 7월에 결혼.
1815년	첫째 아들 벤자민 허셜 배비지 출생.
1815년	왕립학회 회원이 됨.
1815~1816년	〈왕립학회 철학회보〉에 계산법에 관한 논문 게재.
1816년	런던의 왕립연구소에서 천문학에 관한 연속 강의를 함.
1819년	프랑스의 과학자들과 교류하기 위해 파리 여행을 함. 프로니 남작이 표를 계산하는 데 노동 분할을 활용하는 것을 보고 차분 기관에 관한 영감을 얻음.
1820년	런던 천문학회 창립에 참여함.
1822년	6월에 천문학회에서 차분 기관의 발명 소식을 공표함.
1823년	왕립학회로부터 차분 기관을 인정받음.
1824년	천문학회가 수여하는 첫 번째 금상 수상자가 됨.
1826년	〈왕립학회 철학회보〉에 자신의 기계 부호법에 관한 글 게재.
1827년	아버지 사망. 아들 찰스 주니어와 아내 조지아나, 그리고 새로 태어난 아들 사망.

1827년	템스 강 밑을 가로지르는 터널 공사를 감독하고 있던 브루넬에게 자문을 해줌. 이 공사는 브루넬의 아버지의 설계와 지휘로 진행되고 있었음.
1827년	기술자인 리처드 라이트와 과학적인 목적의 유럽 여행을 시작함.
1829~1839년	케임브리지 대학교의 수학과 루카스 석좌 교수에 취임.
1830년	『영국에서 과학의 쇠퇴와 그 일부 원인에 관한 반성』 출간.
1831~1839년	영국과학진흥협회의 평의회 의원이 됨.
1832년	차분 기관 제작 작업 중단.
1832년	『기계류와 제조업의 경제에 관하여』 출간.
1834년	런던통계학회의 설립을 도움.
1834년	딸 조지아나 사망.
1836년	천공 카드를 이용하여 계산 기계에 명령과 자료를 전달하는 방식을 처음으로 착안함. 이 착안은 차분 기관으로부터 해석 기관으로 전환하는 전기가 됨.
1837년	「계산 기계의 수학적 위력들에 관하여」라는 제목의 논문을 작성함.
1837년	『제9의 브지지워터 논고』 출간.
1843년	에이다 러브레이스와 함께, 이탈리아의 메나브레아가 쓴 해석 기관에 관한 책을 번역 출간함.
1844년	어머니 사망.

1851년	영국 최초의 공산품 박람회인 대박람회 개최. 등대와 항구 표시등의 불빛 방출 타이밍을 제어하는 점멸 장치 방식을 착안함.
1864년	『어느 철학자의 일생에서 듣는 은밀한 이야기들』 출간.
1871년	10월 18일 사망.

컴퓨터의 아버지 배비지

지은이 | 브루스 콜리어·제임스 맥라클란
옮긴이 | 이상헌
초판 1쇄 발행 2006년 10월 31일

책임편집 | 장미향·나희영
객원교정 | 이경미
디자인 | 최선영·남금란
마케팅 | 구본산·김한중

펴낸곳 | 바다출판사
펴낸이 | 김인호
주소 | 서울시 마포구 서교동 403-21 서홍빌딩 4층
전화 | 322-3885(편집부), 322-3575(마케팅부)
팩스 | 322-3858
E-mail | badabooks@dreamwiz.com
출판등록일 | 1996년 5월 8일
등록번호 | 제10-1288호

ISBN 89-5561-328-8 03400
ISBN 89-5561-062-9(세트)

Fig. 56

Fig. 57

Fig. 59

Fig. 60

Fig.

Fig. 90